WIE WIR DEM KLIMAWANDEL IN DEN ARSCH TRETEN

NACHHALTIG und PLASTIKFREI umdenken

120 Tipps und Tricks, um nachhaltiger zu leben

Thorsten Farwald

Alle Ratschläge in diesem Buch wurden vom Autor und vom Verlag sorgfältig erwogen und geprüft. Eine Garantie kann dennoch nicht übernommen werden. Eine Haftung des Autors beziehungsweise des Verlags für jegliche Personen-, Sach- und Vermögensschäden ist daher ausgeschlossen.

Für Fragen und Anregungen:
info@minariko.de
Auflage 2019

Inhaltsverzeichnis

Vorwort

Der Klimawandel ist keine Geschichte, die sich Menschen ausdenken, um Geld zu machen - er ist bittere Wahrheit. Die Erde erwärmt sich mehr und mehr und wird zum Treibhaus. Hier ist ein lapidares: „Das ist halt so!" fehl am Platz. Denn es ist jetzt höchste Zeit, etwas dagegen zu unternehmen.
Sie denken vielleicht, Sie können nicht viel bewirken. Doch wenn bei **allen** Menschen ein Umdenken stattfindet, kann Zeit gewonnen werden. Diese ist für Sie und Ihre Nachkommen extrem wichtig, weil vor allem Ihre Kinder immer schlimmer unter den Folgen leiden werden.
Jeder Mensch hinterlässt einen CO_2-Fußabdruck. In Deutschland sind das pro Jahr ca. 11 Tonnen CO_2. Durch klimabewusstes Handeln lassen sich Emissionen vermeiden oder reduzieren.

Mit diesem Buch möchte ich über den Klimawandel aufklären und Ihnen **Tipps** und **Tricks** zeigen, wie jeder einzelne nachhaltiger leben kann und so seinen Teil zur Erhaltung unserer Erde beiträgt. Niemand verlangt, dass Sie Ihr Leben von heute auf morgen umkrempeln. Sie können ganz einfach klein anfangen. Suchen Sie sich zunächst die Tipps heraus, die Sie leicht umsetzen können, und steigern Sie sich nach und nach. Eventuell finden Sie sogar Gefallen an der einen oder anderen Möglichkeit, Ihr Leben nachhaltiger zu gestalten.

Was genau ist der Klimawandel?

Unter Klima ist nicht nur das täglich unterschiedliche bzw. wechselhafte Wetter zu verstehen, sondern alle Wetterzustände insgesamt, die an einem Ort herrschen. Unabhängig davon, ob Niederschlag, Windmessung, die Anzahl der Sonnenstunden oder die typischen Jahreszeiten, ebenso wie die Klimazonen - das Klima ist ein komplexes Miteinander aller Faktoren. Klimatische Veränderungen gab es schon immer, wie damals die Eiszeit. Doch all diese Veränderungen geschahen nicht von heute auf morgen, sondern entwickelten sich über viele Millionen Jahre. Wenn Wissenschaftler jedoch heute vom Klimawandel sprechen, dann meinen sie damit, dass sich die Durchschnittstemperatur der Erde um wenige Grad erhöht. Und das innerhalb sehr kurzer Zeit!
Für Menschen, Pflanzen, Tiere und alle Lebensräume ist das von großer Bedeutung. Sie alle haben sich an die herrschenden Temperaturen in ihren Regionen gewöhnt und diesen angepasst. Wird das Klima nun immer wärmer, kann das drastische Folgen haben.

Die Schuld des Menschen am Klimawandel ist groß! Allein die vielen Abgase, die durch Autos, Schiffe, Fabriken und Flugzeuge ausgestoßen werden, schaden der Erde. Denn Kohlendioxid ist für jedes Lebewesen und die Natur schädlich. Da der Regenwald ein wichtiger Holzlieferant ist, wird der Klimawandel auch noch beschleunigt, weil die fehlenden Bäume das Kohlendioxid nicht mehr in Sauerstoff umwandeln können. Ganz nebenbei leben immer mehr Menschen auf der Erde, weshalb Lebensräume geschaffen werden müssen. Für diese wiederum werden Bauflächen benötigt. Also wird auch hier wieder wichtige Natur zerstört. Ein weiters klimaschädliches Thema ist die Massentierhaltung. Denn die ausgestoßenen Gase der Kühe, das Methan, gelangt in die Luft und ist schädlich für die Umwelt.

Bedenken Sie auch, dass wir Menschen immer mehr zur Wegwerfgesellschaft werden.
Wir wollen einerseits immer mehr besitzen, entsorgen andererseits Dinge, die uns nicht mehr gefallen, oder unmodern- bzw. schlicht überflüssig geworden sind. Alle diese Konsumgüter müssen jedoch zunächst produziert- und in sehr vielen Fällen importiert werden. Um die Produktionskosten möglichst gering zu halten, lassen viele Unternehmen in Billiglohnländern wie Indien oder China produzieren. Doch die so entstehenden Transportwege in die verschiedenen Länder sind lang, und es werden dafür Schiffe, Flugzeuge oder LKWs benötigt, was wiederum sehr viel CO_2 produziert. Auch kommt es immer wieder zu Tankerunfällen, wodurch die Meere durch das auslaufende Öl verseucht werden. Das müsste nicht passieren, wenn wir Menschen nicht so sehr auf Konsum aus wären, es endlich genug Alternativen zum Erdöl gäbe und diese auch genutzt werden würden.

Doch nicht nur unser Konsum, die Produktion großer Firmen in weit entfernten Ländern und die daraus entstehenden langen Transportwege tragen zum Klimawandel bei, auch das eigene Verhalten und Ihre Gewohnheiten spielen eine große Rolle.

Was ist mit Ihrem Weg zur Arbeit oder mit Ihrem Urlaub? Haben Sie ein Auto? Verreisen Sie gerne?
Das sind einige Punkte, zu denen Sie sich Gedanken machen können. Aber ein noch größeres Problem sind die Billigfluganbieter. Es ist mittlerweile möglich, mit dem Flugzeug billiger von München nach Berlin zu kommen, als mit der Bahn oder dem Auto. Deshalb nutzen auch immer mehr Menschen das Flugzeug. Vor dreißig Jahren war das Fliegen noch Luxus und die Tickets sehr teuer. Heute kosten sie deutlich weniger, so dass sich immer mehr Menschen die Flüge leisten können. Das Problem dabei ist – Flugzeuge haben im Vergleich zum Auto oder der Bahn den höchsten CO_2-Ausstoß.

Die folgende Statistik soll Ihnen eine kleine Übersicht verschaffen, wie es mit dem CO_2-Ausstoß der verschiedenen Fortbewegungsmittel aussieht.

Ein Kreuzfahrtschiff stößt pro Tag die Menge an

- CO_2 aus, die 84.000 Autos ausstoßen
- Stickoxiden aus, die etwa 421.000 Autos ausstoßen
- Feinstaub aus, wie etwa 1 Million Autos ausstoßen
- Schwefeloxid aus, wie 376 Millionen Autos ausstoßen

Quelle: **https://utopia.de/ratgeber/kreuzfahrten-kreuzfahrtschiffe/**

Vergleichen Sie Zug mit Flugzeug, sieht es folgendermaßen aus:

CO_2 in kg pro reisende Person, bezogen auf Hin- und Rückreise		
Strecke	**Flugzeug**	**ICE**
Köln-Berlin	298,0	27,6
München-Berlin	308,0	34,4
Hamburg-Düsseldorf	190,0	26,8

Quelle:
https://www.co2online.de/klima-schuetzen/mobilitaet/bahn-oder-flugzeug-der-vergleich/

Sie sehen sicherlich schon, im Grunde trägt der Mensch sehr dazu bei, dass die ganze Erde leidet, und es ist nur noch eine Frage der Zeit, wie lange sie das noch mitmacht. Jetzt ist die richtige Zeit, um zu handeln, bevor noch Schlimmeres passiert. Zwar werden Sie das vielleicht nicht mehr im vollen Ausmaß erleben, Ihre Nachkommen aber schon.

Wie wirkt sich der Klimawandel aus?

Die Auswirkungen des Klimawandels sind überall zu spüren und zu sehen. Durch den Anstieg der Temperatur schmilzt das Eis, und der Wasserspiegel steigt kontinuierlich an. Bald schon werden niedrig gelegene Teilstücke der Erde unter Wasser stehen, die bisher bewohnt waren. Heute schon sind kleine unbewohnte Inseln einfach im Meer verschwunden. Auch an den Küsten steht das Wasser schon näher an Wohngebieten, als noch vor Jahren, was zur Folge hat, dass Stürme und Hochwasser viel schneller zu Überschwemmungen führen.
Trotz all dieser bekannten Auswirkungen behaupten immer noch viele Menschen, sie würden von der Erderwärmung nichts merken. Doch wenn Sie diverse Studien verfolgen, so gibt es tatsächlich eine Bestätigung, dass sich die Erde um wenige Grad erwärmt hat. Auch wenn sich zwei oder drei Grad nicht nach viel anhören, so bedeutet es für die ganze Erde, seine Lebewesen und die verschiedenen Witterungen durchaus sehr viel.

Zitat:

„Die Luft an der Erdoberfläche hat sich bereits deutlich erwärmt. Im Jahr 2016 lag die mittlere globale oberflächennahe Lufttemperatur um rund 0,94°C höher als das Mittel im 20. Jahrhunderts. Dies teilte die NOAA Anfang 2017 auf der Basis dreier unabhängiger Datenreihen mit. Damit war 2016 das wärmste Jahr seit Beginn der Auswertungen und übertraf die vorherigen Rekordjahre 2015 und 2014 - drei Rekordjahre in Folge wurden noch nie seit Beginn der Wetteraufzeichnung registriert."

Quelle:
https://www.klimafakten.de/meldung/klimawandel-eine-faktenliste

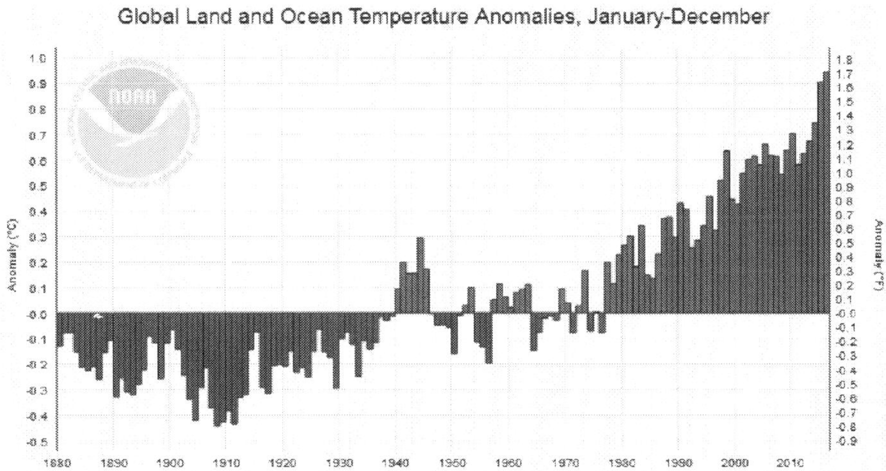

Die Grafik zeigt die Abweichung der globalen Lufttemperaturen (Mittel der einzelnen Jahre) zwischen 1881 und 2016 gegenüber dem Mittelwert des 20. Jahrhunderts.

Quelle: NOAA
(National Oceanic and Atmospheric Administration)

Zitat:

„Die Häufung von Temperaturrekorden in den vergangenen Jahren ist höchst ungewöhnlich. 16 der 17 wärmsten Jahre überhaupt seit Beginn der Aufzeichnungen traten nach dem Jahr 2000 auf, alle fünf wärmsten seit 2010 (siehe Kasten rechts). Seit 1977 – also seit mittlerweile vier Jahrzehnten – gab es auf der Erde kein Jahr mehr, das kühler war als der Durchschnitt des 20. Jahrhunderts."

Die wärmsten 10 Jahre global seit 1880 und Abweichung gegenüber dem Mittel des 20. Jahrhunderts

1.	2016 (+0,94°C)
2.	2015 (+0,90°C)
3.	2014 (+0,74°C)
4.	2010 (+0,70°C)
5.	2013 (+0,67°C)
6.	2005 (+0,66°C)
7.	2009 (+0,64°C)
8.	1998 (+0,63°C)
9.	2012 (+0,62°C)
10.	2003 (+0,61°C)
10.	2006 (+0,61°C)
10.	2007 (+0,61°C)

Quelle: NOAA

Quelle:
https://www.klimafakten.de/meldung/klimawandel-eine-faktenliste

Sind Sie der Meinung, milde Winter und heiße Sommer gab es schon immer? Natürlich gab es auch schon in der Vergangenheit Jahreszeiten mit extremen Temperaturen, allerdings nicht in der Häufigkeit, wie es heute der Fall ist. Und denken Sie einmal an die Übergangszeiten Frühling und Herbst. Erinnern Sie sich, wie diese früher waren? Gerade ältere Generationen kennen sie noch in ihrer richtigen Form. Das Frühlingswetter wurde langsam besser und wärmer, bis endlich der Sommer da war. Und ebenso schlich der Sommer langsam über den Herbst in den Winter hinein.
Heute gibt es das nur noch selten. Meist endet der Winter abrupt, und von einem Tag auf den anderen gibt es Temperaturschwankungen von mehr als 10 Grad. Die Sommer sind unerträglich heiß mit tagelangen Temperaturen um die 40 Grad-Marke, und es ist zum Teil schrecklich schwül. Unwetter sind die Folge. Und auch diese haben in den letzten Jahren merklich zugenommen. Vor allem die Wetterextreme sind problematisch. Während in einem Gebiet zu viel Trockenheit und Dürre herrscht, gibt es in anderen Gebieten starke Regenfälle und Überschwemmungen.

Wissenschaftler haben berechnet, was passiert, wenn die Erdtemperatur um ein paar Grad steigt - es entstehen Naturkatastrophen. Hierbei handelt es sich um Stürme, Überschwemmungen und Hitzeperioden. Es gibt jetzt schon Teile Westafrikas, die nicht mehr bewohnbar sind, weil es dort einfach viel zu heiß ist. Menschen können dort nicht mehr leben, weil es weder Wasser gibt, noch würden dort Feldfrüchte gedeihen. Aus diesem Grund wird dieses unbewohnbare Land mehr und mehr zur Wüste, was bedeutet, dass dort auch viele Tiere keinen Lebensraum mehr finden.

Allein vier Grad mehr auf der Erde reichen aus, damit der Meeresspiegel einen halben Meter höher steigt. Die Eiskappen schmelzen und der Lebensraum vieler Tiere, die dort heimisch sind, ist bedroht. Doch diese wenigen vier Grad sorgen nicht nur für ein Steigen des Meeresspiegels, sie bedrohen auch die Existenz von Menschen, die in ohnehin schon warmen Ländern leben.

Wie Sie merken – es sind nur vier Grad, und doch bedeuten sie für Mensch, Tier und Pflanzenwelt eine enorme Veränderung. Niemand ist in der Lage, sich so schnell der neuen Klimasituation anzupassen. Noch ist es nicht so weit, doch wenn **jetzt** nichts passiert und jeder vor dem Klimaschutz die Augen verschließt, wird in naher Zukunft **genau das** passieren!

Zitat aus einem Artikel der „Tageschau" vom 24.07.2019:

„Studie von Schweizer Forschern
"Die globale Erwärmung ist beispiellos"

In der Fachzeitschrift "Nature" schreiben Raphael Neukom und sein Team des Geografischen Instituts der Universität Bern nun, dass es einen erheblichen Unterschied zwischen den früheren Kalt- und Warmzeiten sowie der derzeitigen Klimaerwärmung gibt. In früheren Zeiten traten die Klimaschwankungen vor allem regional und zu unterschiedlichen Zeiten auf. Zurzeit würden die Temperaturen überall auf der Welt und gleichzeitig steigen. Die wärmste Periode der vergangenen zwei Jahrtausende habe im 20. Jahrhundert auf 98 Prozent der Erde stattgefunden, schreiben die Berner Wissenschaftler. "Das ist ein starker Hinweis, dass die von Menschen verursachte globale Erwärmung beispiellos ist."
Zitat Ende

Quelle:
https://www.tagesschau.de/ausland/klimawandel-regional-101.html

Die Uhr tickt unaufhörlich!

Der Mensch ist das größte Problem für die Erde. Es gibt eine Studie*, die belegt, dass schon im Jahr 2030 der Klimawandel soweit fortgeschritten sein könnte, dass auf der Erde wieder ein Klima wie vor drei Millionen Jahren herrscht. Wenn nun der Klimawandel aber noch schneller angetrieben wird, kann es sogar passieren, dass wieder die extreme Warmzeit wie vor 50 Millionen Jahren beginnt.

*Quelle:
https://www.scinexx.de/news/geowissen/menschheit-dreht-klima-uhr-zurueck/

Das Klima hat seit Bestehen der Erde schon immer Hochs und Tiefs erlebt. Es gab Extreme wie die Eiszeit und Warmzeiten, dass sogar an den Polen Palmen wuchsen. Seit 10.000 Jahren hält sich das Klima auf der Erde aber relativ konstant, weshalb sich auch die Menschheit entwickeln konnte. Die Krux an der Sache ist aber, dass die Menschen die Erde in ein Extrem treiben. Wenn das so weit kommt, herrschen auf der Erde wieder Temperaturen, die noch kein Mensch erlebt hat.
Jetzt beginnt aber auch schon das eigentliche Problem, denn die Natur hatte vor drei Millionen Jahren genug Zeit sich an die extremen Temperaturen zu gewöhnen. Diese stiegen langsam an, was heute nicht mehr der Fall ist. Die Natur und auch die Lebewesen können sich nicht so schnell anpassen. Die Folge könnte hier auch ein Aussterben von Tierarten, Pflanzen und sogar Menschen sein. Wissenschaftler sind sich aber auch sicher, dass es noch nicht zu spät ist. Die Uhr mag zwar ticken, doch wir haben noch nicht fünf vor zwölf. **Noch** kann ein Umdenken der Menschen und der Industrie das Schlimmste verhindern.

Warum ist der Klimawandel schlecht?

Veränderungen des Klimas gab es schon immer. Doch eben nicht in der Geschwindigkeit, in der sie jetzt stattfindet. Allein in den letzten 200 Jahren gingen die Veränderungen schnell vonstatten. Und schuld ist der Mensch und seine Industrialisierung. Natürlich waren und sind viele Erfindungen gut für die Menschheit. Sie haben auch Reichtum und Wohlstand gebracht und vielen das Leben deutlich erleichtert. An die Umwelt dachte damals noch niemand. Und jetzt kommt alles so „plötzlich"!
Die Menschen neigen dazu, zu denken, jetzt ist es auch nicht mehr wichtig. Kaputt ist kaputt und kann nicht mehr gerettet werden. Doch dieses Denken ist ein Trugschluss. Jetzt lässt sich sogar noch sehr viel retten!
Das CO_2 ist der Übeltäter. CO_2 und Methangase steigen in die Atmosphäre auf und verdichten sich dort. Die Sonnenstrahlen und damit die Wärme gelangen zwar durch diese Schicht auf die Erde, doch von dort findet kein Ausgleich mehr statt, weil die Gase dies verhindern. Die Strahlung wird also auf die Erde gespiegelt und erhitzt diese mehr und mehr. Im Grunde wie in einem Treibhaus, in dem die Wärme der Sonnenstrahlen nicht durch die dicken Glasscheiben austreten kann.
Der CO_2-Ausstoß war lange Zeit kein Problem, da die Menschen ihre Maschinen mit eigener Kraft oder der Kraft von Tieren antrieben. Auch Wind oder Wasser wurden als nützlich angesehen. Doch all das geriet in Vergessenheit, weil der Mensch hier von bestimmten Faktoren abhängig war. Es wurden Kohle, Benzin und andere verbrennbare Materialien eingesetzt. Mit diesen begann aber auch die Misere - der CO_2-Ausstoß stieg plötzlich an.
Mittlerweile ist es schon so schlimm, dass die Temperatur der Erde tatsächlich schon gestiegen ist. Auch leiden viele Menschen unter gesundheitlichen Problemen, die mit dem CO_2 einhergehen.

CO_2, also Kohlenstoffdioxid ist für den Menschen eigentlich ungiftig, jedoch in keinster Weise ungefährlich. CO_2 absorbiert die Wärmeabstrahlung der Erde und heizt so die Atmosphäre auf. Für den Menschen ist CO_2 in geringer Konzentration nicht giftig, es stört allerdings die Sauerstoffaufnahme. Eine erhöhte Konzentration von CO_2 in der Umgebungsluft kann bei Menschen zu Kopfschmerzen führen und sogar Bewusstlosigkeit auslösen. Ab einer Konzentration von acht Prozent oder mehr kann es nach 30 bis 60 Minuten zum Tode führen.

Zitat:
„Da CO_2 schwerer als Luft ist und sich in Bodensenken sammelt, gab es Erstickungs-Unfälle in landwirtschaftlichen Silos und Mechaniker-Gruben in Autowerkstätten.
In Kamerun gab es sogar eine Katastrophe: Im August 1986 setzte ein Vulkan-See nach einem Erdrutsch 1,6 Millionen Tonnen natürliches CO_2 frei. Das Gas tötete 1800 Menschen in einem Umkreis von bis zu 27 Kilometern."

Quelle:
https://www.welt.de/wams_print/article1351823/CO2-ist-fuer-Menschen-eigentlich-ungiftig-aber-doch-gefaehrlich.html

Alles in allem ist die Situation sehr ungünstig. Und wenn sich nichts ändert, ist nicht absehbar, wie lange das noch gut geht.
Jetzt liegt es an jedem Einzelnen, den eigenen Lebensstil zu überdenken. Doch auch die Politiker müssen ihren Teil dazu beitragen. Der Umstieg von erneuerbaren Energien wie Windkraft, Wasserkraft oder Solarenergie könnten schon etwas bewirken. Allerdings würde dieser allein vermutlich nicht ausreichen. Es muss noch viel mehr getan werden. Geschieht dies nicht, werden nach und nach weitere Tier- und Pflanzenarten aussterben. Auch werden die Naturkatastrophen immer häufiger und schlimmer.

Ein weiteres großes Risiko ist das Einschleppen fremder Insekten und Tiere. Gerade Gifttiere aus tropischen Ländern können mittlerweile auch in Europa überleben. Die Menschen sind auf diese Tiere nicht vorbereitet. Und manche von ihnen übertragen auch Krankheiten, die tödlich enden können. Das sind Probleme, mit denen Sie sich bisher nicht abmühen mussten. Aber in Zukunft müssen Sie vielleicht unter einem Moskitonetz schlafen, um nicht von einer Gelbfiebermücke gestochen zu werden.
Verstehen Sie den Ernst der Lage?

Der Einfluss von Plastik auf die Umwelt und unseren Körper

Ihnen ist sicherlich bewusst, dass sich Plastik auf die Umwelt mehr als negativ auswirkt. Es braucht viele Jahrzehnte, bis sich ein Teil des Plastikmülls abbaut, doch überwiegend verrottet er nicht von allein. Und für die Tiere der Erde ist er ohnehin schon eine Katastrophe. Wird er nicht fachgerecht entsorgt, landet er mit hoher Wahrscheinlichkeit irgendwann im Meer und kostet vielen Meerestieren das Leben. Mehr als zehn Millionen Tonnen Abfälle gelangen jährlich in die Ozeane. Ca. 380 Tonnen Plastik schwemmt alleine der Rhein jedes Jahr in die Nordsee. Mittlerweile treiben auf jedem Quadratkilometer der Meeresoberfläche bis zu 18.000 Plastikteile, so eine Aussage des Umweltprogramms der vereinten Nationen - UNEP. Doch das ist nur ein kleiner Teil. Mehr als 90 % der Abfälle sinken auf den Meeresboden und werden dort nur sehr langsam vom Salzwasser zersetzt.

Jährlich verenden ca. 130.000 Meerestiere und mehr als eine Million Meeresvögel wegen des Plastikmülls. Die Tiere sehen in den Plastikteilen Nahrung und fressen sie. Der Magen ist aber nicht in der Lage, den Müll zu verdauen. Die Folge sind Verletzungen der inneren Organe und Verstopfungen des Magen- und Darmtrakts. Die Tiere verhungern jämmerlich, weil der Magen voll mit Plastikteilen ist, und sie so nichts mehr fressen können. Großer Plastikmüll wie Tüten oder Netze können auch zum Tod von Vögeln, Fischen und Säugetieren führen, da sie sich darin verfangen und dann nicht mehr befreien können. Sie verhungern oder ersticken.

Das Plastik ist aber nicht nur für die Umwelt schädlich, weil es von den Tieren gefressen werden kann. Allein die Herstellung ist eine wahre Katastrophe. So werden für die Produktion entweder Erdöl oder nachwachsende Rohstoffe benötigt. Gehen Sie vom Erdöl aus und von der Tatsache, dass jedes Jahr etwa 8 % davon für die Herstellung von Plastik verwendet werden. Erdöl ist nur in begrenzter Menge vorhanden. Und es neigt sich ohnehin schon dem Ende zu.

Damit aber noch nicht genug, denn auch sehr viel Wasser und Energie wird benötigt.
Für ein Kilogramm Polyethylen benötigt man zehn Liter Wasser und 81 Megajoule an Energie. Hinzu kommen der spätere Transport und die Entsorgung des Plastiks, was wiederum Schadstoffe wie Stickoxide, Kohlenstoffdioxid und Methan erzeugt. Alles klimaschädliche Produkte, die viel schädliches CO_2 für die Umwelt bedeuten.

Doch nicht nur die Umwelt und Tiere leiden unter dem Müll, auch wir Menschen werden davon krank. Ob Fleisch, Fisch, Wurst, Milch und Milchprodukte, Brot, selbst Getränke sowie Obst und Gemüse und vieles mehr ist heutzutage unnötigerweise in Plastik verpackt oder sogar eingeschweißt. Es gab Zeiten, in denen auch noch Gläser verwendet wurden, doch diese finden Sie heute gerade in Discountern und Supermärkten nur noch selten. Da viele Menschen auch sparen müssen, greifen sie gezielt zu den günstigen Produkten. Fatalerweise sind genau diese mit den umweltschädlichen Verpackungen ummantelt.
Sie enthalten Weichmacher und Bisphenol A. Über eine Blutanalyse kann nachgewiesen werden, ob auch Sie dadurch belastet sind. Die im Plastik enthaltenen Stoffe können zum Beispiel eine Hormonstörung im Körper auslösen, aber auch krebserregend sein.

Jedes Jahr werden in Europa Millionen Tonnen Plastik nach einmaligem Gebrauch ganz selbstverständlich weggeworfen und oftmals leider nicht korrekt entsorgt. Plastikflaschen und Tüten, aber auch Zigarettenkippen gehören zu den häufigsten Fundstücken am Strand.

Diese Argumente sollten Grund genug sein, etwas mehr Geld zu investieren und auf Plastik zu verzichten. So können Sie zumindest die Gewissheit haben, einen kleinen Teil beizutragen. Ganz auf null lassen sich die Umweltsünden nicht mehr stellen. Abgesehen davon, werden sich die zu Neige gehenden Reserven von Erdöl nicht mehr erneuern. Die Ausbeutung der Erde ist schon zu weit vorangeschritten. Unser Ziel sollte es deshalb auch nicht sein, wieder bei null zu beginnen, sondern das, was von der Erde übrig ist, zu schonen, damit diese wieder etwas Zeit gewinnt. Ausgestorbene Pflanzen und Tiere werden wir nicht mehr zurückholen können. Es liegt aber an jedem Einzelnen, den ganzen Vorgang der Erderwärmung zu verlangsamen. Wir machen es nicht nur für uns, sondern vor allem für unsere Kinder und Kindeskinder.

Jetzt sind Sie gefragt!

Wie gelangt das Plastik in unseren Körper?

Der Weg des Plastiks in Ihren Körper ist nicht schwer zu erklären. Gehören Sie nicht zu den Vegetariern und Veganern, nehmen Sie Plastikpartikel auch über Wurst und Fleisch auf. Bedenken Sie, Tiere fressen kleinste Plastikteile, die später nach der Schlachtung auch mit dem Fleisch verarbeitet werden. Ebenso verhält es sich mit Fisch. Doch auch in Pflanzen lassen sich Bestandteile von Kunststoff finden. Achtlos weggeworfener Müll am Wegesrand wird mit dem Wind auf die Felder getragen. Dort wird er bei der Feldarbeit in kleinste Teile zerstückelt. Diese landen in der Erde und auf den Pflanzen. Der Regen, aber auch die Motoröle der Traktoren lösen Giftstoffe aus den Plastikteilen, und diese werden über das Regenwasser in die Erde und somit von den Pflanzen aufgenommen. Der Kreislauf ist unaufhaltsam, so lange Plastik im Umlauf ist.
Auch im Supermarkt geht der Kreislauf weiter. Weichmacher und andere Giftstoffe lösen sich von den Plastikverpackungen und haften an den Lebensmitteln. Über den Verzehr gelangen sie in Ihren Körper und können dort ihre gefährliche Wirkung entfachen. Auch in Reinigungsmitteln und Kosmetik lässt sich Mikroplastik feststellen.

Fakt ist: Es gibt kein unschädliches Plastik! Zwar sind Plastiksorten wie PE, PET und PP in der Lebensmittelbranche zugelassen, doch auch sie geben ihre schädlichen Stoffe an die Lebensmittel und die Umgebung ab. Fast niemand ist sich darüber bewusst, wie schädlich diese ganzen Giftstoffe eigentlich sind. Laut dem Institut für Ökologie, Evolution und Diversität der Frankfurter Universität wurden bei Tests mit Mineralwässern aus Plastikflaschen, in fast jeder 5. Flasche 85 Stoffe gefunden, die nicht in das Wasser gehören. So wurden dort Weichmacher, Bisphenol A und viele andere chemische Stoffe gefunden. Leider ändern sich diese Ergebnisse auch mit der Zeit nicht. Wer Wasser in Plastikflaschen kauft, nimmt auch diese giftigen Substanzen zu sich.

Doch wie kann es sein, dass solche Flaschen in den Handel kommen? Das ist auch ganz einfach, denn eine Wasserflasche wird aus mehr als 2.000 Inhaltsstoffen produziert. Natürlich hat jede Fabrik und jeder Hersteller seine eigene Rezeptur für die Flaschen. Und diese Geheimrezeptur muss nicht offengelegt werden.
Es ist somit nicht einmal zwingend der Fall, dass Sie Plastik über die Nahrung aufnehmen, allein die schädlichen Stoffe aus Verpackungen sind schon schlimm genug. Was hilft es, wenn Sie Bio-Qualität kaufen und die Nahrung dann in Plastik verpackt wird? Nichts, denn so nehmen Sie die Giftstoffe doch in Ihren Körper auf.

Ein sehr gutes Beispiel sind Schuhe. Jeder trägt im Sommer gerne Badelatschen oder die praktischen Gummischlappen, die so wunderbar leicht an den Füßen sind. Sie laufen wie auf Wolken, und es fühlt sich toll an. Doch das Material ist sehr weich und hier ist das Problem. In diesen Schuhen sind Weichmacher enthalten. Diese werden über die Haut beim Tragen aufgenommen. Schon vor Jahren wurde vermutet, dass diese Schuhe krebserregend sind. Wirklich sicher ist es bis heute nicht bewiesen. Doch wie immer, so lange es keine Beweise gibt, werden bestimmte Dinge auch nicht verboten oder vom Markt genommen. Vielleicht haben auch Sie solche Schuhe in Ihrem Schrank stehen. Entsorgen Sie sie fachgerecht und verzichten im Sinne Ihrer Gesundheit und der Umwelt darauf!

Nachhaltigkeit erlernen und danach leben

Nachhaltig leben ist im Grunde nicht schwer, erfordert aber Ihren Willen. Und natürlich müssen Sie etwas umdenken. Vergessen Sie dabei nicht, dass es Sie eventuell ein wenig mehr Geld kosten kann, auf Plastik zu verzichten, doch Ihre Gesundheit und die Ihrer Kinder sollte es Ihnen wert sein.
Sicherlich können Sie an anderer Stelle etwas einsparen und so Produkte ohne Plastikverpackung finanzieren. Im Grunde geht es darum, wenig bis keinen Müll zu produzieren und ungebrauchte Gegenstände wieder zu verwenden. **Upcycling** ist hier ein großes Stichwort. Auch auf Plastik zu verzichten oder regional einzukaufen gehört dazu. Alleine der Verpackungsmüll in Deutschland betrug laut Umweltbundesamt im Jahr 2017 rund 18,7 Millionen Tonnen. Das wären ca. 226,5 kg pro Person. Knapp 47 % davon werden von privaten Verbrauchern verursacht. Das sind immer noch 107 kg pro Person.

Sie können in diesen ganzen Bereichen viel ändern, und vielleicht haben Sie es sogar im Unbewussten schon gemacht. Es ist ganz klar, dass es Ihnen bei manchen Dingen nicht einfach fallen wird. Deshalb sollten Sie lieber klein anfangen, sich in das Thema einfinden und dann langsam Ihre Gewohnheiten nach und nach ändern. So wird es Ihnen auch leichter fallen.

Im Folgenden erfahren Sie, wie Sie nachhaltiger leben können, und in welchen Lebensbereichen ein Umdenken stattfinden sollte:

Arbeitsplatz

1. Statt Papier für Briefe und Rechnungen zu verwenden, lieber auf E-Mails umsteigen. Sie können hier viel Papier sparen und dadurch die Umwelt schonen. Auch private Angelegenheiten wie Kontoauszüge, Formulare, Steuererklärungen oder Kreditkartenabrechnungen lassen sich heute bequem digital abspeichern oder erledigen.

2. Die Kaffeemaschine mit den Einwegbechern ignorieren und lieber den Kaffee in einem wiederverwendbaren Becher von zu Hause mitbringen. Viele Einwegbecher landen täglich im Müll, und oft sind sie auch noch aus Plastik. Dieser Müll kann vermieden werden. Vielleicht nehmen Sie auch einfach Ihre eigene Kaffeetasse von zu Hause mit und füllen diese mit dem Kaffee aus der Maschine.

3. Statt Mittagessen am Imbissstand oder im Fastfood Restaurant lieber zu Hause vorkochen und das Essen zum Arbeitsplatz mitnehmen. Am Imbiss bekommen Sie das Essen meist in Alufolie auf Styroporbehältnissen, in Plastikschalen oder in mit Kunststoff beschichteten Pappkartons. Alles landet danach direkt im Müll und muss später verbrannt werden. Hier entstehen wieder Dämpfe, die den Klimawandel ungünstig beeinflussen. Das Stichwort hier heißt **Meal Prep**. Hierzu finden Sie dutzende Bücher mit Erklärungen und Rezepten. Ein sehr gutes Buch hierfür ist **Meal Prep für Berufstätige von Maya Bunt**. Beim Meal Prep werden Transportboxen aus hochwertigem, langlebigem und gut recycelbarem Kunststoff empfohlen! Diese Behältnisse können immer wieder verwendet werden.

4. Nehmen Sie die Treppe anstatt des Aufzugs. Es ist gesünder, hält Sie fit, und der Aufzug verbraucht unnötige Energie.

5. Wenn es sich machen lässt, auf unnötige Beleuchtung verzichten. Der Bildschirm ist in der Regel hell genug. Auch das Tageslicht von draußen kann oft schon ausreichend sein. Das ist natürlich nur möglich, wenn Sie keine Kundengespräche haben und Ihre Kollegen damit nicht stören.

6. Generell nicht unnötig drucken oder kopieren. Der Trend geht zum papierlosen Büro. Sollten Sie auf Drucker nicht verzichten können, verwenden Sie nachfüllbare Druckerpatronen. Hier können Sie viel Plastikmüll sparen und ganz nebenbei auch noch Geld.

7. Bilden Sie Fahrgemeinschaften mit Ihren Kollegen. Oft kommen mehrere Mitarbeiter aus derselben Gegend. Hier können Sie zusammen zur Arbeit fahren. Das schont nicht nur die Umwelt, sondern auch den Geldbeutel. Zudem gibt es in vielen Städten bereits sogenannte „Umweltspuren", die ausschließlich von Elektrofahrzeugen, Bussen oder eben Fahrgemeinschaften genutzt werden dürfen. So kommen Sie eventuell sogar schneller ans Ziel.

Hier ist Platz für Ihre eigenen Ideen

Haushalt

8. Kapselmaschinen gegen Vollautomaten austauschen. Der Vollautomat wird mit Bohnen oder Kaffeepulver befüllt. Kapselmaschinen dagegen verursachen jährlich sehr viel Müll. Die Kapseln sind teilweise aus Kunststoff und Sie wissen, was das für die Umwelt bedeutet.

9. Bienenwachstücher statt Frischhaltefolie. Die Tücher halten die Lebensmittel sogar noch länger frisch und belasten zudem nicht die Umwelt.

10. Frischebeutel aus Baumwolle verwenden. Sie sind waschbar und können immer wieder benutzt werden.

11. Brotbox aus Metall kaufen. Diese sind besser als Boxen aus Kunststoff. Ausnahme: Sie haben schon Kunststoffboxen zu Hause. Dann verwenden Sie diese unbedingt weiter. Bei Neuanschaffungen aber auf das Material achten und Metall oder Glas wählen.

12. Verschraubbare Gläser für den Transport von Salat oder Suppen (Meal Prep) verwenden. So können Sie auf neue Kunststoffboxen verzichten, und ganz nebenbei kann Ihnen das Essen nicht auslaufen.

13. Spüllappen aus Baumwolle anstatt Mikrofasertücher verwenden. Baumwolle ist ein natürlicher Stoff und kann auch bei hohen Temperaturen keimfrei gewaschen werden. Die meisten Mikrofasertücher bestehen heutzutage aus Polyesterverbindungen. Und diese erzeugen dann wiederum Mikroplastik.

14. Auch alte ausgediente T-Shirts eigenen sich ideal als Putzlappen. Schneiden Sie einfach die Bündchen ab, und schon können Sie mit den Shirts Ihren Hausputz erledigen. Das ist ein erster Schritt in Richtung Upcycling.

15. Essig, Soda, Kernseife, Natron und Zitronensäure sind ausreichend für den Hausputz. Auf Putzmittel in Plastikflaschen kann verzichtet werden. Machen Sie sich Ihre Reiniger einfach selbst. Im Internet finden Sie zahlreiche Rezepte für selbst gemachte Putzmittel, und die Umwelt belastet es auch nicht.

16. Anstatt Müllbeutel lieber Zeitungspapier verwenden. So können Sie Ihre gelesene Tageszeitung, falls vorhanden, gleich weiterverwenden. Außerdem saugt die Zeitung Feuchtigkeit auf, was den Vorteil hat, dass der Mülleimer im Sommer nicht unangenehm riecht. Auch kostenlose Prospekte und Werbezeitungen eignen sich hierfür.

17. Kaffeefilter aus Porzellan oder Edelstahl ersetzen die aus Plastik. Dauerfilter aus Edelstahl ersparen darüber hinaus noch das Einweg-Filterpapier. Das spart Müll und Geld.

18. Stoff statt Papierservietten verwenden. Diese können Sie waschen und wiederverwenden. Außerdem vermeiden Sie so viel Müll. Alternativ gibt es auch filterfreie Methoden, wie z.B. French Press.

19. Aufbewahrungsbehälter aus Kunststoff gegen Glasgefäße ersetzen, sofern es sich um Neuanschaffungen handelt. Bereits vorhandene Aufbewahrungsbehälter sollten Sie so lange weiterverwenden, bis sie wirklich kaputt sind. Diese dann fachgerecht entsorgen.

20. Besteck mit Kunststoffgriff vermeiden. Lieber Vollmetall wählen oder Besteck mit Bambusgriff. Bei Besteck mit Bambusgriff darauf achten, dass es nicht mit Kunststoff und Melaminharz versetzt ist.

21. Den Müll **richtig** trennen. Das bedeutet zwar etwas mehr Arbeit und mehrere Mülleimer, doch so belastet er die Umwelt möglichst wenig. Glas, Papier, Metalle, Kunststoffe oder Kork, aber auch Arzneien, Chemikalien oder Farben sollten unbedingt korrekt entsorgt werden, damit möglichst viel fachgerecht recycelt werden kann. Auch Sondermüll wie Batterien oder defekte Elektrogeräte dürfen nicht einfach in den Hausmüll geworfen werden. Diese können Sie beim Händler wieder abgegeben. Er ist zur Rücknahme verpflichtet. Alternativ gibt es sogenannte Wertstoffhöfe und Sondermüllsammelstellen, wo Sie alles korrekt entsorgen können.

Hier finden Sie einige Links zum Thema „Müll richtig trennen und entsorgen"

https://www.gruener-punkt.de/de/muelltrennung-muell-trennen.html

https://www.nabu.de/umwelt-und-ressourcen/oekologisch-leben/alltagsprodukte/19838.html

https://www.verbraucherzentrale.de/wissen/umwelt-haushalt/abfall/muell-richtig-trennen-gelber-sack-restmuell-papier-oder-wohin-sonst-10580

https://www.awbkoeln.de/richtig-muell-trennen/

https://www.merkur.de/leben/wohnen/muell-trennen-welcher-abfall-kommt-welche-tonne-zr-9501958.html

https://www.planet-wissen.de/gesellschaft/muell/sondermuell/pwierichtigentsorgenwohinmitsperrundsondermuell100.html

https://www.deutsche-handwerks-zeitung.de/sondermuell-so-wird-der-abfall-richtig-entsorgt/150/3096/250539

Einkauf und Ernährung

22. Unverpackte Lebensmittel kaufen. Obst und Gemüse muss beispielsweise nicht auch noch in Tüten verpackt sein. Auch Backwaren kann man ganz einfach im Jutebeutel transportieren. Nudeln, Getreide und viele andere Dinge gibt es in Unverpackt-Läden auch zum selbst abfüllen.

23. Beim Metzger und Fischhändler fragen, ob Wurst und Fleisch bzw. Fisch in mitgebrachte Behälter gepackt werden können. Dies ist zwar oftmals noch ein heikles Thema, weil sich viele Händler wegen der Hygiene sträuben. Doch auch hier gibt es schon einige Unternehmen, die diese Idee sehr gut finden und diesen Service anbieten. Im Zweifel legen sie in den Behälter ein Trägerpapier, auf dem die Ware liegt. Die Plastiktüte wird aber allemal gespart.

24. Milch und Milchprodukte in Glasbehältern kaufen. Diese gibt es als Mehrweg- oder aber auch als Einwegbehälter. Gerade letztere können Sie auswaschen und immer wieder verwenden. Entweder zum Einkauf in einem Unverpackt-Laden, zur Aufbewahrung von Lebensmitteln wie Reis, Mehl, Zucker, Nüsse oder ähnliches. Oder aber, um Vorgekochtes sowie übrig gebliebenes Essen im Kühlschrank zu lagern.

25. Brot und Brötchen in selbst mitgebrachte Jutebeutel oder Papiertaschen füllen lassen. Achten Sie jedoch darauf, dass alles sauber ist, da auch hier der hygienische Aspekt eine große Rolle spielt. Kein Lebensmittelhändler möchte später in Verruf stehen, Sie krank gemacht zu haben, weil Ihre mitgebrachten Behältnisse vielleicht nicht sauber waren.

26. Für den Einkauf sollten Sie immer Stoffbeutel, Jutebeutel oder Gemüsenetze sowie ausreichend saubere Gläser mit Schraubdeckel bzw. andere schon vorhandene Behältnisse aus hochwertigem recycelbarem Kunststoff oder Metall zur Verfügung haben. Planen Sie Ihre Einkäufe deshalb sinnvoll, damit Sie auch gut ausgerüstet sind. Nehmen Sie lieber ein paar Behälter mehr mit, damit Sie im Zweifel auch noch spontan das ein- oder andere Produkt abfüllen können.

27. Fleisch- und Milchkonsum möglichst reduzieren. Wegen der Massentierhaltung werden viele Treibhausgase freigesetzt. Würde jeder seinen Konsum ein wenig reduzieren und lieber vom Bio-Bauern kaufen, so wäre das Problem schon geringer. Zudem müssten viel weniger Tiere leiden, denn die Massentierhaltung ist ein absolutes Unding. Unabhängig davon sind die hier eingesetzten Medikamente, vor allem Antibiotika, alles andere als gesund für den Menschen. Denn wir sind das Ende der Nahrungskette und nehmen alles auf. Setzen Sie hier als Alternative auf Bio-Fleisch.

28. Nur die Lebensmittel kaufen, die Sie wirklich benötigen und innerhalb weniger Tage verbrauchen. So muss nichts weggeworfen werden. Jährlich werden mehrere Tonnen an Lebensmitteln einfach in den Müll geworfen. Diese Verschwendung ist absolut sinnlos und muss einfach nicht sein. Wir leben in einem Land, in dem es keinen Lebensmittelmangel gibt. Ein Nachkaufen ist somit immer möglich. Sollten Sie trotzdem einmal mehr gekauft haben, als sie konsumieren können, spenden sie es.

29. Regionale und saisonale Produkte kaufen. Sie sind oft günstiger und die Transportwege kürzer. Gerade tropische Früchte haben einen weiten Weg bis nach Deutschland und müssen mit Frachtern oder dem Flugzeug importiert werden. Das ist ebenfalls ein Grund für die globale Erderwärmung. Informieren Sie sich im Supermarkt/Discounter und schauen Sie auf die Etiketten. Fragen Sie auf dem Wochenmarkt, beim Bauern oder im Bioladen bzw. Unverpackt-Laden nach. Bei Eiern zum Beispiel gilt folgende Kennzeichnung:

    0 = Eier aus ökologischer Erzeugung
    1 = Eier aus Freilandhaltung
    2 = Eier aus Bodenhaltung
    3 = Eier aus Käfighaltung

    Hier sollten Sie nur Eier mit einer 0 oder 1 kaufen.
    Fleisch und Fisch sind im Supermarkt mir einem Label ausgestattet. Die Herkunft etc. kann so nachverfolgt werden.

30. Trinken Sie Leitungswasser. In den meisten Regionen in Deutschland hat dieses Trinkwasserqualität. So können Sie auf Flaschen verzichten, und gesünder ist es auch.
    Sollten Sie auf Sprudelwasser nicht verzichten wollen, können Sie sich einen Wassersprudler zulegen. Bei Getränkeverpackungen gilt folgende Regel für die Ökobilanz - absteigend von der besten bis zur schlechtesten Ökobilanz:

    Mehrwegflaschen aus Glas
    Mehrwegflasche mit einem Pfand von 8 - 15 Cent
    Mehrwegflaschen mit einem Pfand von 25 Cent
    Sonstige Verpackungen ohne Pfand

31. Um ein schlecht werden der Lebensmittel zu verhindern, reicht es oft schon aus, wenn man den Kühlschrank richtig einräumt. Der Kühlschrank hat nicht überall die gleiche Temperatur. Wir unterscheiden hier fünf verschiedene Temperaturen.
Die erste und kälteste Zone ist mit ca. 2°C direkt über dem Gemüsefach. Die zweite Zone ist mit 5°C die Mitte des Kühlschranks. Gefolgt von Zone drei und vier, der obere Bereich und das Gemüsefach, mit ca. 8°C. Zone Fünf ist die Tür. Sie ist der wärmste Bereich mit ca. 9°C.

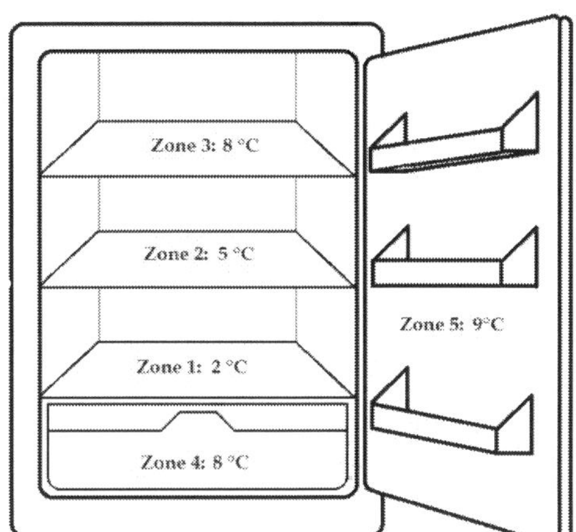

Zone 1: Hier lagern Sie schnell verderbliches wie Fleisch oder frischen Fisch.

Zone 2: In der Mitte des Kühlschranks lagern Sie Milch, Milchprodukte und Wurst.

Zone 3: Ganz oben ist Platz für Essensreste, Vorgegartes oder Geräuchertes. Aber auch Marmelade können Sie hier unterbringen.

Zone 4: Im Gemüsefach lagern Sie neben Gemüse auch Salat oder Obst.

Zone 5: In den unteren Bereich der Tür gehören die Getränke. Im oberen Bereich können Sie Eier und Butter oder Senf lagern.

32. Produkte mit Palmöl meiden, da dafür Regenwald abgeholzt werden muss. Der Regenwald bietet nicht nur vielen Lebewesen einen Lebensraum, auch ist er für das ganze Klima wichtig. Ohne ihn werden viele Tierarten aussterben, und selbst Naturvölker verlieren ihre Heimat.

33. Vegane Ernährung ist Nachhaltigkeit pur. Es gibt keine Massentierhaltung und somit weniger Treibhausgase. Zudem wird Wasser gespart, das bei der Verarbeitung von Fleisch benötigt wird. Möchten Sie nicht vegan leben, versuchen Sie es vegetarisch. Es gibt leckere Alternativen zum Fleisch. Und auch die Milchersatzprodukte bieten Ihnen mittlerweile eine sehr große Auswahl.

34. Achten Sie beim Fischkauf auf Klasse statt Masse. Kaufen Sie nur Fisch aus nachhaltiger Fischerei mit Gütesiegel. Geben Sie hier etwas mehr aus und kaufen Sie lieber weniger Fisch, dafür aber von Bioqualität.

35. Kochen Sie frisch. Das ist gesünder und kostet weniger Geld als Fertigprodukte. Außerdem sind diese Fertiggerichte meist unnötig verpackt. Hier kommt viel Verpackungsmüll zusammen.

36. Machen Sie doch manche Dinge selbst. Brot können Sie auch selbst backen, ebenso Kekse oder Kuchen. Selbst Nudeln gelingen mit ein wenig Übung ganz einfach. Haben Sie einen Garten oder Balkon, pflanzen Sie Gemüse, Salat, Kräuter oder Gewürze selbst an. Falls noch Platz für ein paar Beerensträucher ist, können Sie im Herbst leckere Marmelade selbst zubereiten. Es wird Sie etwas Zeit kosten. Aber selber machen kann viel Freude bereiten. Außerdem zeigen Sie Ihren Kindern gleich, wie bestimmte Produkte entstehen. Viele kennen das nicht mehr und wissen nicht einmal, wie bestimmte Gemüsesorten überhaupt wachsen. Sollten Sie Kräuter und Gewürze anpflanzen wollen, können Sie Ihre Gewürzmischungen ganz einfach selber herstellen. Ein gutes Buch mit Gewürzrezepten ist **„Gewürzmischungen selber machen" von Maya Bunt**.

37. Schauen Sie beim Einkauf, ob Sie Produkte mit dem Fairtrade-Logo entdecken. Bei Kaffee und Kakaoprodukten sowie Bananen ist dieses schon sehr verbreitet. Hiermit unterstützen Sie nicht nur den Umweltschutz, sondern leisten auch Ihren Beitrag zur Verbesserung der Arbeitsbedingungen von Kaffeebauern und Co.

38. Gibt es keine Alternative zur Plastikverpackung, können Sie auf das ein- oder andere Produkt auch einfach verzichten. So zeigen Sie den Herstellern die rote Karte!

Energieverbrauch

39. Drehen Sie die Temperatur runter. Eine Raumtemperatur von 20 - 21 Grad ist ausreichend und spart Energie. Im Schlafzimmer reichen sogar etwa 18 Grad vollkommen aus. Wenn Sie die Temperatur in allen Räumen um 1 - 2 Grad senken, können so bis zu 15 % Energie gespart werden. In der Küche dagegen können Sie auf die Heizung im Grunde sogar ganz verzichten, da sich der Raum allein durch das Kochen schon aufheizt. Hatten Sie ein Gericht im Backofen, lassen Sie nach dem Zubereiten einfach die Herdklappe auf. Beim Abkühlen strömt die warme Luft in den Raum und erwärmt ihn wie eine Heizung. Damit die Wärme in den Räumen nicht verloren geht, schließen Sie die Türen im Winter hinter sich. So heizen Sie im Wohnzimmer nicht unnötig.

40. Heizkosten sind oft ein großer Punkt auf der Nebenkostenabrechnung. Um sinnloses Heizen zu vermeiden, beachten Sie folgende Tipps:

    - Niemals lüften, während Sie gleichzeitig heizen. Die kühle Luft sorgt nur dafür, dass Ihr Thermostat voll aufdreht, und so noch mehr geheizt wird.
    - Lassen Sie die warme Luft im Raum. Es verschwindet viel Wärme durch undichte Türen und Fenster. Für undichte Türen gibt es sogenannte Zugluftstopper, die Sie unten vor die Tür legen können. Diese können auch einfach aus einem alten Kleidungsstück und etwas Watte selbst hergestellt werden.
    - Unbenutzte Räume nicht heizen. Wenn Sie beispielsweise ein großes Haus haben und nicht alle Räume benutzen, sollten Sie diese nur im Falle der Benutzung heizen. Das eignet sich vor allem für Gästezimmer.

41. Nicht in jedem Raum das Licht anlassen, wenn Sie sich nicht darin befinden. Gewöhnen Sie sich an, beim Verlassen des Raums das Licht zu löschen. Auch brauchen Sie keinen Deckenfluter mit mehreren Leuchtelementen. Gerade am Abend ist ein eher schummriges Licht ohnehin viel angenehmer. Die Beleuchtung kann bis zu 15 % der Stromrechnung ausmachen. Hier kann man also einiges einsparen.

42. Wäsche nur waschen, wenn die Trommel der Waschmaschine voll ist. Eine halbvolle Maschine verbraucht dieselbe Menge Energie wie eine volle. Warten Sie also mit Ihrer Wäsche, bis Sie genug zusammen haben. Auch bei der Temperatureinstellung können Sie Energie sparen. In der Regel genügen 30 - 40 Grad.

43. Das Wasser nicht ständig laufen lassen. Zahnbürste nass machen, Wasser aus und erst zum Ausspülen wieder anmachen. Zahnbecher benutzen. Auch beim Duschen gilt, während des Einseifens das Wasser auszumachen. Auf Vollbäder wenn möglich verzichten. Auch die Duschzeit an sich kann gekürzt werden. Für noch mehr Ersparnis verwenden Sie eine Sparduschbrause.

44. Wechseln Sie zu Ökostrom: 0,6 Tonnen CO_2 würden sich jedes Jahr pro Person sparen lassen, wenn Sie zu Ökostrom wechseln. Dieser stammt aus überwiegend erneuerbaren Energiequellen. Denken Sie darüber nach, der Wechsel geht einfach und schnell.

45. Auf Elektrogeräte, die Sie nicht unbedingt benötigen, lieber verzichten. Vielleicht gehören auch Sie zu den Menschen, die sich gerne Neuheiten anschaffen. Viele davon liegen dann unbenutzt im Schrank und werden kaum verwendet. Überlegen Sie sich deshalb vor dem Kauf gut, ob Sie das Gerät brauchen, wofür und wie oft Sie es verwenden können. Vielleicht haben Sie sogar eine gute Alternative bereits zu Hause. Dann könnten Sie auf die Neuanschaffung auch verzichten.

46. Auch Stand-by verbraucht Strom, deshalb Fernseher und Radio vollständig vom Strom nehmen, wenn Sie die Geräte gerade nicht brauchen. Besorgen Sie sich Steckdosen mit Ausschaltfunktion. So müssen Sie nicht extra immer den Stecker ziehen, denn bei manchen Geräten gibt es nur Stand-by. Gerade neue Fernsehgeräte lassen sich zum Teil nicht mehr ganz abschalten, außer Sie ziehen den Stecker aus der Steckdose. Seit 2014 gibt es eine sogenannte Ökodesign-Richtline von der Europäischen Kommission. In dieser wird unter anderem die Leistungsaufnahme von elektrisch betriebenen Geräten im privaten Haushalt festgelegt. Geräte die nach 2014 produziert wurden, dürfen im Stand-by Zustand eine maximale Leistungsaufnahme zwischen 0,5 und 1 Watt aufweisen.

47. Bei Neuanschaffungen auf beste Energieeffizienzklasse achten. Bleiben Sie hier unbedingt immer auf dem neuesten Stand, denn die Energieeffizienzklassen ändern sich ständig.

48. LED-Lampen verwenden: Gehen Sie von einem Vier-Personen-Haushalt aus, können Sie 0,4 Tonnen CO_2 einsparen, wenn Sie LED-Lampen verwenden. Diese verbrauchen wesentlich weniger Energie als die normale Glühbirne und halten auch noch viel länger. Der Preis ist zwar etwas höher, doch das rechnet sich auf die Lebensdauer der Lampen gesehen auf jeden Fall.

49. Wäschetrockner sind Luxus und verbrauchen Unmengen an Strom. Hängen Sie die Kleidung lieber auf den Wäscheständer. Es dauert zwar vielleicht etwas länger, bis sie trocken ist, spart aber auch Strom. Zudem wird die Kleidung geschont, denn der Wäschetrockner sorgt für einen schnelleren Abrieb der Kleidung.

50. Ein Deckel auf dem Kochtopf spart Energie, weil das Wasser schneller kocht. Achten Sie darauf, für jeden Topf und jede Pfanne einen passenden Deckel zu haben. Auch bei Gerichten, die beim Kochen spritzen, ist der Deckel super. Denn so verschmutzt die Umgebung um den Topf nicht, und Sie können sich auch noch Putzmittel und Wasser für die Reinigung sparen.

51. Einen tropfenden Wasserhahn unbedingt reparieren, denn der Wasserverlust ist hier sehr hoch. Im Zweifel stellen Sie eine Schüssel unter den Wasserhahn und fangen das Wasser auf. Es eignet sich super zum Blumengießen oder Putzen.

52. Das Wasser mit dem Wasserkocher erhitzen, geht schneller und ist energiesparender als mit dem Herd. Möchten Sie Nudeln kochen, erhitzen Sie das Wasser im Wasserkocher und schütten Sie es dann erst in den Topf. Die Herdplatte müssen Sie dann zum Garen nicht mehr so sehr erhitzen. So beschränkt sich die Garzeit auf ein Minimum.

53. Nur so viel Wasser aufkochen, wie Sie auch tatsächlich brauchen. Sie wollen nur eine Tasse Tee zubereiten? Dann messen Sie die hierfür erforderliche Menge genau ab! Sie brauchen für 500 Gramm Nudeln keine fünf Liter Wasser. Außerdem können Sie bei manchen Gerichten das Wasser noch weiterverwenden. Wenn Sie Gemüse kurz aufkochen, können Sie das Kochwasser später noch z.B. für eine Brühe oder als Ansatz für die Soße verwenden. Auch zum Vorspülen von benutzen Töpfen können Sie es benutzen.

54. Sollten Sie doch einmal zu viel Wasser gekocht haben, geben Sie es in eine Thermoskanne oder lassen es für eine andere Verwendung abkühlen. (Spülen, putzen, Blumen gießen etc.)

55. Umluftbetrieb ist energiesparender als Ober-/Unterhitze, weil es schneller geht. Zudem hat Umluft den Vorteil, dass Gerichte eine schönere Kruste bekommen, was gerade bei Gratins sinnvoll ist. Mit Umluft können Sie außerdem alle Ebenen gleichzeitig nutzen. Zum Beispiel mehrere Brote oder Bleche mit Plätzchen gleichzeitig backen. Oder z.B. oben die Backofenpommes und unten das Gemüse im Römertopf garen.

56. Nutzen Sie die Restwärme der Herdplatte. Schalten Sie die Herdplatte 10 - 15 Minuten vor Ende der Garzeit aus und nutzen Sie die Restwärme aus. So lässt sich der Stromverbrauch um 15 % reduzieren.

57. Abgedichtete Türen und Fenster helfen beim Energiesparen, weil die Wärme im Raum bleibt. Im Baumarkt gibt es hierfür praktische Dichtbänder. Sollten Sie alte Fenster oder Türen haben, die schon verzogen sind, sprechen Sie mit Ihrem Vermieter oder investieren Sie beim Eigenheim selbst Geld.

58. Wärmedämmung ist ein großes Thema, vor allem für Eigenheimbesitzer. Bei schlecht isolierten Häusern lohnt sich oft eine Investition in eine neue Fassadendämmung und besser gedämmte Fenster. Hierzu können Sie sich von entsprechenden Experten beraten lassen.

59. Bügeln ist oft nicht notwendig, wenn Sie die Wäsche mit weniger Umdrehungen schleudern. Hier sparen Sie gleich dreimal Energie. 1. Die Waschmaschine verbraucht weniger Strom. 2. Das Bügeleisen bleibt aus und verbraucht keinen Strom. 3. Sie haben ihre eigene Energie und Zeit gespart bzw. können sie anderweitig nutzen.

60. Das Vorheizen des Backofens spart nur sehr wenig Zeit und ist heute nicht mehr notwendig. In vielen Rezepten soll das Essen in einen vorgeheizten Ofen. Das ist völlig überflüssig, und es geht viel Energie verloren. Bis zu 20 % Energie können Sie einsparen, wenn Sie auf das Vorheizen verzichten.

Hier ist Platz für Ihre eigenen Ideen

Kind

61. Einwegwindeln sind praktisch, verursachen aber viel Müll. Versuchen Sie es doch mit Stoffwindeln. Diese können Sie nach Gebrauch waschen und somit mehrfach verwenden. Ein Baby braucht durchschnittlich bis zu acht Windeln innerhalb von 24 Stunden. Rechnen Sie einmal aus, welcher Müllberg in einem Jahr entsteht, oder besser gesagt, wieviel Müll Sie so einsparen können.

62. Glasflaschen anstatt Plastikflaschen kaufen. Diese sind zwar etwas schwerer, lassen sich dafür aber auch in der Spülmaschine reinigen und gehen beim Auskochen im Topf nicht gleich kaputt.

63. Feuchttücher können Sie aus Küchenrolle, etwas Wasser und einer milden Reinigungslotion oder Olivenöl auch ganz einfach selbst machen. In einem Glasbehälter mit Deckel sind sie mehrere Tage haltbar und bleiben feucht. Diese Variante ist sogar schonender für die empfindliche Haut, weil keine Chemie enthalten ist. Idealerweise verwenden Sie zum Reinigen des Windelbereiches lediglich einen Waschlappen und etwas Wasser. Dadurch sparen Sie noch mehr Müll.

64. Kaufen Sie Pflegeprodukte möglichst in Glasflaschen oder Metalldosen. Leider sind die meisten Produkte in Plastikflaschen abgefüllt, und genau diesen Müll möchten Sie doch vermeiden. Alternativen sind Nachfüllpackungen oder eigene Herstellung.

65. Kaufen Sie möglichst kein Spielzeug aus billigem, mit Weichmachern versetztem Kunststoff und kaufen Sie Spielsachen aus Holz, entweder naturbelassen oder mit unschädlicher Lackierung. Wer noch nachhaltiger leben möchte, kann gebrauchtes Spielzeug kaufen oder durch **Upcycling** aus nicht mehr benötigtem Material Spielzeug selber basteln. Hier sind der Kreativität keine Grenzen gesetzt.

66. Kaufen Sie **nicht** Unmengen an neuer Kleidung. Kinder wachsen so schnell aus dieser heraus. Gehen Sie auf Second-Hand-Märkte und kaufen Sie dort die Ausstattung, die ihr Kind braucht. Beschränken Sie die Menge einfach auf ein Minimum. Waschen müssen Sie mit einem Baby ohnehin relativ viel, somit werden Sie immer wieder auch schon frische Kleidung auf dem Wäscheständer haben.

67. Puppen können Sie aus Stoffresten auch selbst nähen oder stricken. Mit ein wenig Fantasie lässt sich sogar aus einer alten Socke oder Strumpfhose und etwas Füllwatte ganz schnell ein lustiges Stofftier zaubern. Im Internet finden Sie viele Anleitungen und Bücher dazu.

68. Verzichten Sie auf gekaufte Babybreie und kochen Sie diese lieber selbst. Das ist auch wesentlich gesünder, und Sie sparen Geld. Besorgen Sie sich ein Kochbuch oder schauen Sie im Internet nach. Meist lassen sich die Breie auch gut einfrieren und somit auf Vorrat kochen.

69. Einzig bei Babymilchpulver ist es etwas schwierig, gute Alternativen zu finden. Doch gibt es auch Sorten, die in Metalldosen abgefüllt sind. Diese Pulver sind wesentlich besser als Milchpulver, das in Plastik verschweißt ist, oder gar die Babyfertigmilch in Kunststoffflaschen. Diese sollen im Grunde nur eine Erleichterung für unterwegs darstellen. Die Milch ist bereits fertig und muss nur noch erwärmt werden. Doch warum nehmen Sie nicht einfach eine Thermoskanne mit Wasser und etwas Milchpulver mit? Das ging vor vielen Jahren auch, als es die Fertigmilchflaschen noch nicht gab, und wirklich gestört hat es damals auch niemanden. Die nachhaltigste, günstigste und gesündeste Ernährungsform ist und bleibt sowieso das Stillen.

70. Vorbildfunktion: Zeigen Sie Ihren Kleinen, wie es geht. Nachhaltigkeit sollte man so früh wie möglich erlernen. Und wer mit diesem Wissen aufwächst kann eigentlich gar nichts mehr falsch machen. Wenn Sie Ihren Kindern umweltfreundliches Verhalten vorleben werden sie es auch übernehmen.

71. Haben Sie im Keller noch angebrochene Tapetenrollen übrig, können Sie diese für Ihre Kinder als Malblock benutzen. Da die meisten Kinder viel malen, müssen Sie so erstmal kein neues Malpapier besorgen. Eventuell haben Ihre Freunde auch noch ein paar angebrochene Tapetenrollen übrig, die sonst nur im Keller einstauben würden.

Kosmetik

72. Stellen Sie Ihre Kosmetikprodukte selbst her. Das geht ganz einfach. Und wenn Sie erst das ganze Zubehör haben, kostet es auch nicht viel Geld. Es gibt im Internet diverse Rezepte, wie Sie Ihre Kosmetik mit Naturmitteln selbst machen können. Sie haben so die Möglichkeit, ganz natürliche Produkte ohne Chemie zu verwenden. Außerdem können Sie Ihre Kosmetik speziell auf Ihre Haut abstimmen. Sheabutter, Kokosöl und Olivenöl sind hierfür bestens geeignet.

73. Wählen Sie Produkte in Glasflaschen oder Metalldosen. Leider werden immer noch bzw. wieder zu viele Produkte in Plastikflaschen verkauft. Doch gerade namhafte Marken bieten auch schöne Glasflaschen an.

74. Verzichten Sie auf Sprays jeglicher Art und wählen Sie lieber Pumplösungen oder am besten noch Emulsionen zum Auftragen. Die ganzen Sprays enthalten zwar kein FCKW mehr, doch die enthaltenen Gase Propan, Isobutan oder Butan sind für die Umwelt dennoch nicht gut. Ihr Treibhauseffekt ist zwar deutlich niedriger als bei FCKW aber dennoch vorhanden. Zudem stammen die heute verwendeten Treibgase aus Erdöl und Erdgas.

75. Zahnbürsten und Haarbürsten gibt es auch aus Bambus. Kein Kunststoff und somit auch nicht bedenklich für die Umwelt. Hier gilt wieder: Achten Sie darauf, dass der Bambus nicht mit Kunststoff und Melaminharz versetzt ist.

76. Haare öfter an der Luft trocknen lassen. Der Föhn braucht viel Strom. Sie sparen dadurch Energie, und für Ihre Haare ist es auch besser, weil diese nicht austrocknen.

77. Auch in Kosmetik können Sie Palmöl finden, verzichten Sie auf diese lieber. Wie Sie schon wissen, muss dafür Regenwald weichen.

78. Kaufen Sie nur, was Sie tatsächlich brauchen. In vielen Badezimmern reiht sich eine Flasche nach der anderen. Viele davon werden nicht benötigt. Auch Kosmetikprodukte haben ein Haltbarkeitsdatum und Cremes können tatsächlich schlecht werden. Sie sparen sich auch viel Geld, wenn Sie Ihren Konsum ein wenig eingrenzen.

79. Verzichten Sie auf Shampoo und Duschgels. Diese enthalten oft Mikroplastik und sind schädlich für die Umwelt. Dazu kommt, dass die Verpackungen meist auch aus Plastik sind. Die Umstellung mag am Anfang merkwürdig sein, doch Haare und Körper gewöhnen sich daran, die meiste Zeit mit klarem Wasser gewaschen zu werden. Eine echte Alternative ist die Umstellung auf Aleppo-Seife, auch syrische Lorbeerseife genannt. Sie gehört zu den Naturseifen und wird aus Olivenöl hergestellt. Sie wird ohne künstliche Aromen, Stabilisatoren, Farbstoffe oder andere synthetische Stoffe produziert und ist deshalb sehr umweltfreundlich und nachhaltig.

80. Verzichten Sie auf echten Schwamm. Dieser ist bei einigen Menschen noch sehr beliebt, da er so sanft zur Haut ist. Doch für diesen Schwamm werden Korallenriffe abgeweidet. Die Riffe sterben nach und nach aus, was zwar auch an der Verschmutzung der Meere, doch auch an Menschenhand liegt. Mit dem Sterben der Riffe sterben auch viele Fischarten aus, weil sie keine Heimat mehr finden.

81. Wattepads können Sie aus Frotteestoff auch selbst nähen und immer wieder in der Waschmaschine reinigen. Das spart Ihnen nicht nur Geld, sondern auch viel Müll. Für manche Dinge benötigen Sie vielleicht Wattepads als Wegwerfprodukt. Aber für die reine Gesichtsreinigung müssen sie nicht sein.

Hier ist Platz für Ihre eigenen Ideen:

Hygiene

82. Wählen Sie lieber Bio-Tampons statt der Herkömmlichen. Hier steckt reine Bio-Baumwolle drin, in der weder Chemie noch Pestizide enthalten sind. Somit wurde die Baumwolle auch umweltschonend und klimafreundlich angebaut.

83. Alternativ können Frauen statt Binden und Tampons auch Menstruationstassen verwenden. Diese lassen sich reinigen und lange Zeit verwenden.

84. Ein Stück Kernseife ersetzt ohne Probleme die Handseife. Sie können die Kernseife auch für die Körperpflege oder den Hausputz verwenden. Sie ist der Allrounder unter den Reinigungsmitteln.

85. Viele Reinigungsmittel lassen sich aus natürlichen Produkten selbst herstellen. In Glasflaschen abgefüllt kann auf Fertigprodukte in Plastikflaschen verzichtet werden. Oftmals befinden sich in Haushalten eine Vielzahl an Reinigungsmittel, die Sie eigentlich nicht brauchen.

86. Das Spülen mit der Spülmaschine ist sparsamer als das Spülen von Hand. Vor allem, wenn die Spülmaschine möglichst voll beladen ist und das Öko/Sparprogramm benutzt wird. Sammeln Sie also Ihr Geschirr und benutzen Ihre Spülmaschine nicht im halb beladenen Zustand. Sollten Sie nur einen Teller oder eine Tasse spülen wollen, ist eine Wäsche von Hand natürlich sinnvoller.

87. Falls Sie einen neuen Staubsauger benötigen, kaufen Sie einen ohne Beutel. Dieser lässt sich mit Wasser gründlich reinigen, und der Inhalt des Behälters wird einfach in den Hausmüll entleert. Sie sparen dadurch viel Geld, denn Staubsaugerbeutel sind je nach Hersteller recht teuer. Lediglich Hausstaub-Allergiker müssen aufpassen, denn das Entleeren des Staubsaugers ohne Beutel kann für sie ein Problem sein. Verwenden Sie in diesem Fall einen Mundschutz, damit Sie den Staub nicht einatmen, und entleeren Sie den Behälter außerhalb des Hauses.

88. Ein Weichspüler für die Wäsche muss nicht sein. Mit einem Schuss Essig in der Waschmaschine wird die Wäsche auch wunderbar weich. Keine Angst vor dem Essiggeruch, dieser verfliegt an der Luft wieder ganz schnell. Der Essig hat auch noch einen positiven Nebeneffekt, denn er entfernt den Kalk aus der Waschmaschine.

89. Anstatt Zahnpasta zu kaufen, können Sie Zahnputztabletten wählen. Diese sind nicht in Plastik verpackt und sogar noch sehr praktisch. Es handelt sich hierbei um normale Zahnpasta, der das Wasser entzogen wurde. Die Tabletten legen Sie einfach in den Mund und putzen mit der feuchten Zahnbürste Ihre Zähne. Durch die Feuchtigkeit verflüssigt sich die Tablette und wird wieder zu Zahnpasta. Diese Tabletten sind am Anfang etwas gewöhnungsbedürftig und manchen Menschen fehlt auch der tolle Schaum im Mund. Doch sie erfüllen voll und ganz ihren Zweck. Es gibt waschbare Binden, die sich in der Waschmaschine reinigen lassen. Das mag zwar etwas gewöhnungsbedürftig sein, ist aber eine tolle Möglichkeit, nachhaltig zu leben.

90. Viel hilft viel, ist bei Putzmitteln ein falscher Gedanke. Oftmals reicht auf einen Liter Wasser schon ein Spritzer des Putzmittels aus. Achten Sie darauf, nicht mehr als nötig zu verwenden. Der Witz an der Sache ist nämlich ganz klar der, dass auch eine große Menge Putzmittel oftmals nicht reicht, um Schmutz zu entfernen. Viel mehr sind die Einwirkzeit und Ihre Muskelkraft entscheidend.

91. Verwenden Sie statt Waschpulver Waschnüsse oder Kastanien. Diese reinigen ganz ohne Chemie Ihre Wäsche sauber. Sie können auch mehrmals verwendet werden, was auf Dauer gesehen sogar viel Geld spart. Achten Sie vor Gebrauch auf die richtige Anwendung.

Mobilität

92. Lassen Sie das Auto öfter stehen und laufen Sie oder nehmen Sie das Rad. Wenn Sie auf das Auto nicht verzichten können, weil Ihre Wege zu weit und die Zeiten zu knapp sind, so versuchen Sie, Fahrgemeinschaften zu bilden. Vielleicht können Sie auf dem Weg zur Arbeit einen Kollegen mitnehmen oder zusammen mit einem Nachbarn zum Einkaufen fahren. Auf diese Weise können Sie ganz nebenbei auch noch etwas Benzin sparen, weil Sie sich mit dem Fahren abwechseln könnten. Auch Car-Sharing-Angebote könnten interessant sein.

93. Fahren Sie, wann und wo es geht mit öffentlichen Verkehrsmitteln, anstatt mit dem Auto. Gerade in Großstädten ist das kein Problem, denn die Verkehrsanbindung und die Fahrzeiten sind sehr günstig. Je nach Fahrleistung ist ein Bus und Bahnticket sogar günstiger als ein Auto.

94. Überlegen Sie, ob Sie nicht auf ein Elektroauto umsteigen, anstatt des Benziners oder Dieselfahrzeugs. Die Anschaffungspreise werden immer günstiger, so dass es sich auch finanziell bald lohnt, umzusteigen. Ein Benzinmotor setzt pro verbrauchtem Liter ca. 2,3 kg CO_2 frei. Ein Dieselmotor sogar bis zu 2,66 kg. Hier können Sie bei einem Umstieg auf ein Elektroauto viele Emissionen einsparen.

95. Verzichten Sie auf Flugreisen und wählen Sie lieber die Bahn. Zwar mag die Fahrt länger dauern, doch sie ist auch viel unterhaltsamer. Sie können die Gegend ansehen, die Beine ausstrecken, sich in den Gängen die Beine vertreten oder einen Schlafwagen dazu buchen. So vergeht die Zeit wie im Flug.

96. Kompensieren Sie Ihre Emissionen. Sollten sich Treibhausgas-Emissionen mal nicht vermeiden oder reduzieren lassen, können Sie sie durch Klimaschutzprojekte kompensieren. Für das Klima ist es nicht entscheidend, an welcher Stelle Treibhausgase ausgestoßen werden. Daher lassen sich Emissionen, die an einer Stelle verursacht wurden, auch durch eine Einsparung an einer anderen Stelle ausgleichen.
Bei der Kompensierung wird als erstes die Menge der Emissionen einer bestimmten Aktivität berechnet, zum Beispiel einer Autofahrt, die Herstellung eines bestimmten Produktes oder einer Flugreise. Anschließend wird ein Betrag ermittelt, mit der dieselbe Emissionsmenge durch Klimaschutzprojekte ausgeglichen werden kann. Diese Emissionsminderungsgutschrift zahlen Sie und kompensieren so durch das Unterstützen der Projekte Ihre Emissionen. Es gibt inzwischen diverse Anbieter für solche Projekte. Einer davon ist **„atmosfair.de“**.
Ein Flug für eine Person von Düsseldorf nach Fuerteventura beispielsweise hat einen Co_2-Ausstoß von rund 1594 kg. Der hier zu zahlende Kompensationsbeitrag wäre ca. 37 €.

97. Wenn Sie schon mit dem Auto fahren, versuchen Sie, Ihre Touren sinnvoll zu planen. Machen Sie den Einkauf, fahren Sie zur Post und anschließend noch zur Bücherei. Legen Sie möglichst alle Erledigungen, die Sie mit dem Auto machen müssen, auf einen Tag und vermeiden Sie unnötige Wege.

98. Sollten Sie trotz allem ein Auto benutzen müssen, können Sie Ihren CO_2-Ausstoß geringhalten. Denn es gilt: Je weniger Sprit Sie verbrauchen, desto weniger CO_2 wird von Ihnen freigesetzt. Mit den folgenden Tipps sparen Sie nicht nur Sprit und somit Geld, sondern Sie verringern auch Ihren CO_2-Ausstoß

1. Nicht rasen
2. Niedertourig fahren und früh hochschalten
3. Das Auto ausrollen lassen
4. Wenn nicht benötigt - Klima und Heizung auslassen
5. Unnötiges Anfahren durch vorausschauendes Fahren vermeiden

Mode

99. Kaufen Sie Kleidung aus Baumwolle und ohne Synthetikfasern. Achten Sie auch auf Bio-Qualität, damit Sie sicher sein können, dass sich weder Chemie noch Pestizide in der Kleidung befinden.

100. Kaufen Sie nur Kleidung aus Fairtrade Betrieben. Schließlich zählt auch für Sie, dass die Arbeiter in den Herstellungsbetrieben fair bezahlt und nicht ausgebeutet werden. Ein absolutes No-Go ist Kleidung, die mittels Kinderarbeit hergestellt wird. Einige Hersteller sind hier in Verruf geraten. Auch Sie sollten diese boykottieren und das nicht unterstützen. Solange Menschen die Kleidung kaufen, wird sich auch nichts an der Kinderarbeit und der Ausbeute der Arbeiter ändern.

101. Greifen Sie auch einmal zum Nähzeug und werfen Sie Kleidung nicht gleich weg, wenn man sie noch ausbessern oder abändern könnte. Manche Schäden lassen sich mit schönen Aufnähern gut überdecken. Im Nu haben Sie aus dem alten Pulli ein tolles Kleidungsstück gemacht. Gerade bei Kinderkleidung ist das perfekt, denn ein Loch in der Hose ist kein Grund, diese nicht noch für den Spielplatz zu verwenden. Hier greift wieder das Upcycling Prinzip.

102. Eine gute Alternative zum Neukauf sind Second-Hand-Geschäfte, Flohmärkte oder Kleinanzeigen. Hier finden sich auch oft Schätze aus vergessenen Tagen.

103. Wählen Sie Kleidung, die sich nicht nach der Mode richtet. Diese können Sie lange Zeit tragen. Denn so genannte Klassiker haben immer Saison. Es ist kein Problem, das ein- oder andere moderne Kleidungsstück zu besitzen. Aber ein Großteil der Kleidung sollte neutral sein.

104. Kaufen Sie nur, was Sie auch wirklich brauchen. Oftmals sind die Kleiderschränke übervoll. Und manche Schrankleiche wird nie getragen. Kaufen Sie ein Kleidungsstück nicht aus purem Frust oder nur, weil es Ihnen gefällt. Gehen Sie am Abend nie aus, brauchen Sie das schöne Abendkleid nicht. Auch benötigt niemand mehr als fünf Paar Schuhe und Unmengen an Handtaschen. Üben Sie sich in Sparsamkeit und lernen Sie die Dinge, die Sie haben, zu schätzen.

105. Geben Sie für Kleidung lieber etwas mehr Geld aus. Investieren Sie in hochwertige Kleidung, die länger hält. Sie haben dann zwar weniger Kleidung, aber länger Ihre Freude damit. Für Kinderkleidung gilt hier zwar eher das Gegenteil, denn sie wachsen zu schnell aus der Kleidung heraus, doch wenn Sie gleich eine Nummer größer kaufen, können die Kinder die Kleidung auch etwas länger tragen.

106. Reichen Sie Kleidung auch weiter. Die Altkleidersammlung oder Second Hand- und Flohmärkte sind eine gute Wahl. Auch gibt es mittlerweile Tauschbörsen, auf denen Sie Ihre unlieb gewordene Kleidung gegen andere gebrauchte Kleidung tauschen können. Haben Sie mehrere Kinder, scheuen Sie sich nicht davor, die Kleidung vom großen Kind auch bis zum Kleinsten zu verwenden. Auch im Verwandtschafts- und Bekanntschaftskreis können Sie gerade Kinderkleidung sehr gut weitergeben.

Hier ist Platz für Ihre eigenen Ideen:

Freizeit

107. Nutzen Sie für Aktivitäten die nähere Umgebung. So kommen Sie auch zu Fuß oder mit dem Fahrrad hin. Das ist nicht nur gesund, Sie lernen auch Ihren Wohnort kennen. Viele Personen leben seit Ihrer Kindheit in einem festen Bezirk und kennen sich dort kaum aus. Zudem bieten gerade größere Städte auch schöne Parks, die es zu erkunden gilt.

108. Verbringen Sie Ihre Freizeit in der Natur und nicht so oft in Freizeitparks, Thermen ... All diese Orte benötigen Strom und erzeugen Müll für Imbissbuden oder Hygienebereiche. Zudem wird wertvolle Natur zerstört, damit diese Areale errichtet werden können. Solange Sie diese auch rege nutzen, fördern Sie das Geschäft und es wird weiter ausgebaut. Im Sommer ist ein Bad an einem schönen See viel erholsamer und es kostet Sie kein Geld.

109. Nutzen Sie, wenn Sie grillen möchten, einen Elektrogrill. Dieser hat die beste Ökobilanz und zudem noch den geringsten Aufwand. Einfach einstecken und anschalten. Wer nicht auf Kohle verzichten möchte, der kann alternativ auf Öko Kohle setzen. Diese finden Sie mittlerweile in jedem Baumarkt oder Supermarkt. Achten Sie beim Kauf auf das FSC-Siegel (Forest Stewardship Council). Dieses Siegel gib an, dass für die Produktion dieser Holzkohle kein Tropenwald abgeholzt worden ist. Außerdem stammt das hierfür verwendete Holz aus nachhaltiger Waldbewirtschaftung.

110. Nehmen Sie sich Ihren Kaffee von Zuhause mit und verzichten Sie auf Coffee to go von unterwegs. Das Gleiche gilt für die Brotzeit. Nehmen Sie etwas von zu Hause mit. Hier ist wieder Ihre gute Planung gefragt. Mit etwas Organisation und einem guten Zeitmanagement können Sie sich auch spontan schnell Ihr Essen zusammenstellen. (Meal Prep) Während Sie sich am Morgen im Bad fertigmachen, kann der Kaffee durchlaufen und Sie brauchen unterwegs keinen kaufen. Alternativ können Sie in den meisten Cafès und Bäckereien Ihren eigenen Becher mitbringen und dort befüllen lassen.

111. Haben Sie in jeder Ihrer Taschen auch immer einen Stoffbeutel, so brauchen Sie auch für Spontankäufe keine Plastiktaschen. Diese wollen Sie zwar eigentlich für die Nachhaltigkeit verhindern, doch vielleicht sehen Sie an einem Obststand verlockende Früchte. Wenn Sie immer einen Stoffbeutel dabeihaben, müssen Sie nicht extra darüber nachdenken, wie Sie diese ohne Plastiktüte nach Hause bringen.

112. Prüfen Sie alles, bevor Sie es entsorgen. Die meisten Sachen können Sie upcyceln. Viele Sachen wie Gläser oder Dosen können Sie z.B. direkt als Aufbewahrungsmittel verwenden. Andere Sachen wie alte Kleidung oder Verpackungen können weiterverarbeitet werden, um einem neuen Verwendungszweck zu dienen.

Garten

113. Gießen Sie nur so viel wie nötig. Nutzen Sie nach Möglichkeit eine Regentonne zum Auffangen des Regenwassers. Grundsätzlich muss es nicht sein, den Rasen unaufhörlich zu wässern, wenn es im Sommer heiß ist. Er wird sich spätestens bei Regen wieder erholen. Die Wasserreserven sind ohnehin im Sommer sehr knapp. Dieses kostbare Wasser dann für den Rasen zu verwenden, wäre Verschwendung.

114. Verzichten Sie auf Chemikalien zum Vernichten von Unkraut oder Insekten. Unkraut können Sie auch mit den Händen ausreißen, und Insekten sind für Ihren Garten sogar sehr nützlich. Spielen Sie mit dem Gedanken, einen Wildgarten zu gestalten. In diesem sind auch Unkräuter herzlich willkommen. Und viele davon sind sogar für Bienen und Schmetterlinge überlebenswichtig.

115. Verwenden Sie natürlichen Dünger. Holen Sie sich doch etwas Pferdemist von einem nahen Hof, oder verwenden Sie die Erde aus Ihrem Kompost. Diese Dinge kosten Sie wenig bis kein Geld und sind reich an wichtigen Nährstoffen für Ihre Pflanzen. Der Geruch mag nicht immer gut sein, doch dafür schaden Sie weder der Umwelt noch Ihrer Gesundheit.

116. Der Rasen muss nicht immer akkurat gestutzt sein, denn auch der Rasenmäher verbraucht Energie. Steigen Sie doch auf einen Wildgarten um. Die Blumen und Kräuter kommen auch den heimischen Insekten zugute.

117. Bauen Sie Gemüse, das Sie gerne essen, einfach selbst an. Das geht nicht nur im Garten. Auch auf einem Balkon können Sie anbauen. Zupfsalat zum Beispiel oder Radieschen wachsen sehr gut in Blumenkästen. Tomaten und Gurken finden in Töpfen einen Platz.

118. Verzichten Sie auf Sandmuscheln aus Plastik und bauen Sie den Sandkasten oder Spielturm lieber aus Holz. Bedenken Sie hier auch, dass die Spielsachen aus Holz wesentlich länger halten. Sie müssen das Holz lediglich ein wenig pflegen, damit es der Witterung standhält.

119. Verzichten Sie auf Kübel und Kästen aus Kunststoff. Wählen Sie lieber Steingut, zumal dieses auch viel stabiler ist. Oftmals halten die Behälter aus Kunststoff dem Winter nicht stand und landen spätestens im Frühjahr im Müll. Auch sind sie natürlich sehr leicht und können bei einem starken Sturm kippen. Mit Steingut oder Behältern aus Holz passiert Ihnen das gewiss nicht, und es ergibt auch ein schöneres Bild auf dem Balkon und im Garten.

120. Verwenden Sie im Winter kein Salz, um den Weg vor dem Haus zu streuen. Wählen Sie lieber Sand oder Kies. Das Salz gerät ins Grundwasser und richtet dort Schaden an. In vielen Städten ist es mittlerweile sogar verboten, Salz zu verwenden. Abgesehen davon, schaden Sie mit dem Salz auch Ihren Haustieren und denen Ihrer Nachbarn. Sie laufen über das Salz, und es brennt schrecklich an den Pfoten, kann sogar die Haut so reizen, dass die Pfoten wund werden.

Anhand dieser Punkte sehen Sie schon, dass es viele Dinge einfach gibt, weil Sie das Leben etwas erleichtern sollen oder für die Nutzer ein klein wenig Luxus bedeuten. Doch brauchen Sie das wirklich? Manches gab es vielleicht noch nicht, als Sie noch ein Kind waren, oder es war so teuer, dass es Ihre Eltern nicht gekauft haben. Dennoch hat Ihnen nichts gefehlt. Bestes Beispiel ist das Kinderspielzeug. Früher waren Puppen auch aus Stoff und Bauklötze aus Holz und die Kinder waren glücklich damit. Heute jedoch werden die Kinder mit Spielsachen überschüttet. Ein Großteil davon wird nicht genutzt, weil das Kinderzimmer schon übervoll ist. Sind die Kinder deshalb glücklicher? Wahrscheinlich nicht! Im Gegenteil, ihnen ist sogar eher noch langweilig, weil Sie so viele Spielsachen haben, dass sie den Wert nicht zu schätzen wissen. Sie achten nicht mehr richtig darauf und werfen manches auch achtlos weg.

Denken Sie immer daran, Ihre Kinder sind die nächste Generation, die für die Erde verantwortlich sind. Wenn sie es nicht lernen, nachhaltig zu leben, wie sollen Ihre Kinder es dann wiederum später ihren Kindern beibringen? Es ist ein endloses Spiel.

Gerade das Geld ist bei der Nachhaltigkeit auch ein großes Thema. Familien mit Kindern oder Geringverdiener haben vielleicht nur ein bestimmtes Budget im Monat zur Verfügung. Natürlich ist der Discounter um die Ecke dann die erste Anlaufstelle. Doch dort finden Sie überwiegend in Plastik abgepackte Lebensmittel. Der Wochenmarkt, Unverpackt-Läden oder ein Bio-Markt sind leider noch etwas teurer. Und auch wenn Drogerien schon viele Dinge ohne Plastikverpackung verkaufen, so kosten diese Produkte doch etwas mehr Geld.

Das macht Ihnen die Umstellung möglicherweise schwer, weshalb es hier sinnvoll sein kann, wirklich ganz klein anzufangen. Vielleicht entdecken Sie während Ihrer Findung des „nachhaltigen Lebens" auch die Muse, diverse Dinge selbst herzustellen. So sparen Sie sich am Ende sogar noch Geld.

Nachhaltig einkaufen

Bevor Sie einkaufen gehen, machen Sie sich im Idealfall einen Einkaufszettel. Dieser hat den Vorteil, dass Sie auch nachhaltig handeln und nur Dinge kaufen, die Sie auch brauchen. Jährlich wird so viel Essen in den Müll geworfen, weil einfach zu viel eingekauft wird. Überflüssige Lebensmittel können Sie direkt im Laden lassen und schon werfen Sie auch weniger weg.

Stellen Sie sich beim Erstellen des Einkaufszettels auch folgende Fragen:

- Brauche ich das wirklich?
- Wie oft brauche ich es?
- Bekomme ich es vielleicht auch gebraucht oder muss es neu sein?
- Gibt es eine Möglichkeit das Produkt zu leihen?
- Kann ich das Produkt auch umweltfreundlich hergestellt bekommen oder gibt es ein Vergleichbares, das vielleicht umweltfreundlicher ist?
- Was mache ich mit dem Produkt, wenn es für mich ausgedient hat?

Fragen Sie sich jetzt, was das alles soll? Das ist ganz einfach, Sie sollen sich wirklich Gedanken über ein gewünschtes Produkt machen. Oftmals fällt einem nach dem Beantworten der Fragen auf, dass man eigentlich auch ganz gut ohne das Produkt leben kann. Schon haben Sie wieder etwas für die Umwelt und gegen den Klimawandel getan, denn für Sie muss dieses eine Produkt nicht extra hergestellt und transportiert werden.

Es mag nur ein Tropfen auf dem heißen Stein sein, doch wenn sich jeder solche Gedanken machen würde, würde sich auch viel ändern. Sicherlich mögen Sie jetzt denken, dann würden aber Arbeitsplätze verloren gehen und Firmen schließen müssen. Da haben Sie vielleicht sogar Recht, doch die meisten Firmen würden sich dem Konsumverhalten der Verbraucher anpassen und eben auf andere Produkte umsteigen. Vielleicht fände dann auch ein Umdenken in den Industrien statt und sie würden versuchen, ihre Produkte umweltschonender und ohne Plastik herzustellen. Es gibt durchaus Mittel und Wege. Und jede Firma musste schon die eine- oder andere Krise überstehen, meist mit Erfolg.

Tatsache ist einfach, dass niemand umdenken wird, wenn nicht einer damit anfängt. Das Thema Umwelt, Klimawandel und Nachhaltigkeit betrifft einfach jeden. Hier wäre es falsch zu sagen, sollen die anderen mal machen. So wird es nicht funktionieren. Auch wird es immer Menschen geben, die sich denken, wenn doch ohnehin schon so viele etwas für die Umwelt machen, ist es nicht schlimm, wenn ich mich neutral verhalte. Der Mensch neigt dazu, es sich bequem zu machen. Machen Sie das nicht auch, denn aus purer Bequemlichkeit können Sie die Erde und das Klima nicht retten. Sie müssen aufstehen und etwas unternehmen!

Was kann ich persönlich gegen den Klimawandel tun?

Eine berechtigte Frage! Die Ausrede, Sie können nicht viel machen zählt nicht. Würde sich jeder aus der Sache so herausreden, würde es um unsere Umwelt und den Klimawandel vielleicht noch schlimmer stehen. **Jeder** kann etwas tun und trägt im Kleinen dazu bei, dass das Voranschreiten des Klimawandels zumindest etwas verlangsamt wird.

Folgende **12 Tipps** sind für jeden sehr leicht umzusetzen und bringen schon ungemein viel:

- **Strom sparen:** Das ist in vielen Bereichen möglich. Sie haben sicherlich viele Geräte, die Strom verbrauchen. Versuchen Sie, diese seltener zu verwenden. Allein schon am Abend beim Fernsehen auf eine zusätzliche Beleuchtung zu verzichten, spart Strom. Es klingt zwar paradox, da im Grunde ja empfohlen wird, sich nicht ständig neue Dinge zu kaufen. Doch entsorgen Sie Ihre alten Stromfresser und tauschen Sie diese gegen die besten Energieeffizienzklassen aus. Das spart Ihnen auf Dauer gesehen sogar Geld, denn Strom ist teuer. Abgesehen davon, wird für den Stromverbrauch Kohle verbrannt. Und diese trägt auch zum Klimawandel und der Erderwärmung bei. Vielleicht haben Sie aber auch die Möglichkeit, auf Solarenergie, Wind- oder Wasserenergie umzusteigen. All das sind Ressourcen, die der Umwelt nicht schaden und Sie auch nicht viel kosten. Lampen durch LED-Lampen ersetzen und beim Stromanbieter den Strom auf Öko-Strom zu wechseln, ist schnell erledigt.

- **Verschwendung vermeiden:** Ob Verpackungen oder Lebensmittel – sie alle hinterlassen einen CO_2-Fußabdruck. Deshalb hinterfragen Sie wirklich bei jedem Produkt, ob Sie es wirklich brauchen.

- **Kaufen Sie saisonal und regional ein:** Müssen es im Winter wirklich Erdbeeren sein, die in Ihrer Obstschale liegen? Versuchen Sie, das Obst zu kaufen, das in der jeweiligen Jahreszeit auch hier in Deutschland wächst. Produkte, die extra importiert werden müssen, schaden der Umwelt sehr. Ein kg Gemüse, das mit dem Schiff nach Deutschland gebracht werden muss, verursacht etwa 10 kg CO_2-Emissionen. Müssen dafür auch noch Treibhäuser beheizt werden, damit die Tomaten auch im Winter wachsen, fallen nochmals viele Emissionen an. Für das Klima ist es besser, wenn Sie sich an dem bedienen, was Deutschland in der jeweiligen Jahreszeit hergibt. Zudem sind diese Obst- und Gemüsesorten auch wesentlich billiger.

- **Bio-Produkte bevorzugen:** Sie mögen etwas mehr kosten und auch nicht immer so schön aussehen. Doch sie schmecken besser und beim Anbau wird auf Pestizide und Kunstdünger verzichtet. Allein wegen des Verzichts auf diese chemischen Stoffe werden schon 20 % weniger Treibhausgase gebildet. Außerdem bindet der Humus, der für Bio-Produkte verwendet wird, Treibhausgase in der Erde. Somit tragen Sie hier schon viel zum Klimaschutz bei.

- **Öffentliche Verkehrsmittel nutzen:** Sie haben am Anfang in der Statistik schon gesehen, dass viele Schadstoffe durch Verkehrsmittel freigesetzt werden. Doch für das Klima ist es dennoch besser, auf öffentliche Verkehrsmittel umzusteigen und das Auto stehen zu lassen. Mit Bus, Bahn und Zug können mehr Menschen befördert werden, weshalb auch viele Autos in der Garage bleiben können. Das bedeutet im Ganzen gesehen, dass weniger CO_2 ausgestoßen wird, und der Energieaufwand auch geringer ist.

- **Bahn statt Flugzeug:** Flugzeuge sind neben Kreuzfahrtschiffen die wohl klimaschädlichsten Fortbewegungsmittel überhaupt. Natürlich kostet ein Flugticket mittlerweile nicht mehr viel, und Sie kommen auch schnell von A nach B. Doch fahren Sie mit der Bahn werden 0,25 Tonnen CO_2 eingespart. Das ist eine ganze Menge. Haben Sie keine Lust auf eine lange Zugfahrt, weil es mit dem Flieger schneller gehen würde, so nutzen Sie Nachtzüge. Diese halten nicht an jedem Bahnhof, weshalb Sie schneller am Ziel sind. Und ganz nebenbei verschlafen Sie im Schlafabteil einen Großteil der Fahrt.

- **Radfahren und gesund bleiben:** Bewegung ist gesund, fördert die Ausdauer und ganz nebenbei können Sie die Gegend genießen. Lassen Sie das Auto stehen und nehmen Sie das Rad, um zum Einkaufen oder zur Arbeit zu kommen. Vielleicht können Sie für Ihren Weg auch durch einen schönen Park fahren und verbinden Umweltschutz mit Entspannung. Besser kann es doch nicht sein. Im Zweifel könnten Sie auch mit dem Gedanken spielen, ein Elektroauto zu kaufen. Für Stadtfahrten sind diese ideal, und sie haben allemal eine bessere CO_2 Bilanz als Benziner oder Dieselfahrzeuge. Zwar mögen Sie im Moment noch recht teuer in der Anschaffung sein, doch es gibt immer mehr Fahrzeughersteller, die diese Autos auch schon für das kleinere Budget anbieten.

- **Nachhaltige Unternehmen bevorzugen:** Sie wissen, dass Fabriken und Unternehmen meist nicht gut für die Umwelt sind. Kaufen Sie von Unternehmen, die sich für Nachhaltigkeit einsetzen und ihren Teil für den Umweltschutz beitragen. Es gibt noch nicht viele auf dem Markt, doch je mehr die Menschen nachhaltige Unternehmensformen bevorzugen und bei den umweltschädlichen Unternehmen nicht einkaufen, desto eher wird sich auch etwas ändern.

- **Ökobanken sind im Kommen:** Es hört sich komisch an und Sie können sich darunter vielleicht auch nichts vorstellen. Doch Ökobanken investieren nicht in klimaschädliche Energieformen oder Waffen und auch nicht in Nahrungsmittelspekulationen. Sie investieren in Projekte, die nachhaltig sind, in erneuerbare Energien und in den Klimaschutz. Denken Sie über einen Wechsel nach und tragen auch Sie Ihren Teil dazu bei, eine ökonomisch realistische Wirtschaftswelt aufzubauen.

- **Wärmedämmung für ein behagliches Wohnen:** Besitzen Sie ein Eigenheim, lassen Sie Ihr Haus richtig dämmen. Als Mieter versuchen Sie wenigstens, die Fenster und Türen dicht zu bekommen. So können bis zu drei Tonnen CO_2 im Jahr gespart werden. Gerade in alten Häusern ohne Dämmung und mit alten undichten Fensterrahmen geht so viel Wärme verloren. Sie müssen viel mehr heizen, und das verbraucht Unmengen an Gas, Öl oder Strom. Und abgesehen davon werden die ganzen Abgase durch den Schornstein in die Luft geblasen.

- **Finden Sie Ihre Talente:** Machen Sie Dinge selbst. Ob backen, Kosmetik herstellen, stricken oder was auch immer. Je weniger Sie kaufen müssen, umso besser ist es für Ihren Geldbeutel und das Klima. Bedenken Sie, alles was Sie nicht kaufen müssen, muss auch nicht produziert und nach Deutschland gebracht werden.

- **Fleisch muss nicht jeden Tag sein:** 0,5 Tonnen CO_2-Äquivalente könnten pro Jahr gespart werden, wenn jeder Mensch Vegetarier oder Veganer wäre. Versuchen Sie Ihren Fleischkonsum auf ein Minimum zu reduzieren, was auch für Ihre Gesundheit besser ist.

Wie Sie sehen ist es leicht sich selbst ins Spiel zu bringen und etwas für die Umwelt und den Klimaschutz zu unternehmen. Die meisten Dinge sind ohne Probleme umsetzbar und bedeuten für Sie auch keinen großen Verzicht. Probieren Sie es doch einfach einmal aus! Bestimmt sagen Sie nach wenigen Tagen, dass Sie gerne weitermachen möchten. Fangen Sie einfach an und entdecken Sie weitere Möglichkeiten, um nachhaltig zu leben.

Plastikvermeidung – leichter als gedacht

Möchten auch Sie aktiv auf Plastik verzichten? Dann beginnen Sie noch heute damit. Machen Sie eine Bestandsaufnahme, welche Dinge Sie in Ihrer Wohnung aus Plastik besitzen. Bedenken Sie, dass die Dinge, die Sie regelmäßig verwenden, wie Brotdosen, nicht das Hauptproblem sind, sondern eher die Dinge, die Sie nach dem Verwenden wegwerfen. Öffnen Sie einmal jeden Schrank und gehen Sie in jedes Zimmer. Gerade im Badezimmer und in der Küche werden Sie sicherlich ganz viel finden. Hier einige Beispiele, die auch Sie sicherlich besitzen:

- Zahnbürste mit Plastikgriff
- Zahnpastatuben
- Duschgels und Shampoos
- Wurstverpackungen
- Joghurt im Plastikbecher
- Wasserflaschen aus Plastik
- Taschentücher und Klopapier in Plastik eingepackt
- …

Diese Liste könnte noch ewig erweitert werden. Merken Sie etwas? Auch bei Ihnen finden Sie sehr viele Produkte, die für das Klima und die Umwelt bedenklich sind. Erstellen Sie sich einmal eine Liste mit den typischen Dingen, die Sie regelmäßig kaufen. Angefangen bei Lebensmitteln bis hin zu Hygieneartikeln. Anhand dieser Liste können Sie gezielt schauen, ob Sie diese Produkte nicht auch unverpackt oder ohne Plastikverpackung bekommen. Tatsächlich ist es bei manchen Produkten eher schwierig, gerade wenn Sie der Hygiene dienen. Manchmal lässt es sich vielleicht auch nicht vermeiden, doch etwas in Plastik Abgepacktes zu kaufen. Sie können aber mit Ihrer Liste den Plastikkonsum deutlich reduzieren.

Allein das Spielzeug Ihrer Kinder bedeutet eine wahre Plastikflut. Früher oder später müssen Sie Dinge entsorgen, weil sie kaputt sind und sich nicht mehr verkaufen lassen. Sicherlich, die meisten Läden bieten das übliche Spielzeug in Plastik an, und bei manchen Dingen haben Sie keine Alternative. Doch sprechen Sie auch mit Ihren Kindern, wenn diese schon größer sind. Erklären Sie Ihnen, weshalb Sie das Spielzeug nicht kaufen möchten. Es gibt tolle Spielsachen aus Holz und manche sogar aus stabiler Pappe. Selbst Schulen bringen den Kindern mittlerweile bei, weshalb der Verzicht auf Kunststoff und eine nachhaltige Lebensführung so wichtig sind.
Es werden Projekte mit den Kindern gemacht, wie der Verzicht auf Plastik in der Schule. Die Kinder werden hier angehalten, möglichst kein Plastik für ihre Pausenbrote zu verwenden. Jede Schule setzt hier anders an und die Kinder sind tatsächlich mit Tatendrang bei der Sache. Allein aus diesem Grund dürfte es kein Problem sein, ein Alternativspielzeug zu finden.
Bedenken Sie aber, dass Spielkonsolen keine Alternative bieten, und Sie manchmal um Plastik nicht herumkommen. Jedoch werden solche Produkte auch für mehrere Jahre gekauft und landen in der Regel nicht nach einem Monat im Müll. Seien Sie sich an dieser Stelle aber bewusst, dass es für Sie auch etwas mehr Zeit bedeutet, Ihrem Kind diese neue Lebensart vorzuleben. Die Fahrt oder der Gang zum Unverpackt-Laden dauert vielleicht etwas länger. Unter Umständen müssen Sie auch mehrere Läden besuchen, bis Sie Ihre ganzen Einkäufe zusammen haben.

Zusätzlich benötigen Sie eventuell auch etwas mehr Geld, da gerade Produkte im Bio-Markt oder in den Unverpackt-Läden etwas teurer sind. Hinzu kommt die Tatsache, dass Sie in den Unverpackt-Laden Glasgefäße mit Deckel oder Stoffbeutel mitnehmen müssen. In irgendetwas müssen Sie die Nudeln und Co. schließlich abfüllen. Das soll Sie aber nicht abschrecken, denn daran haben Sie sich ganz schnell gewöhnt. Sie werden staunen, wie wenig Müll Sie auf einmal produzieren. Da Sie im Supermarkt gezielt nach Produkten in Gläsern Ausschau halten, haben Sie bestimmt schon einen großen Vorrat an Gläsern in den verschiedensten Größen und Formen.

Verzichten Sie lieber darauf, die guten alten Plastikdosen in den Unverpackt-Laden mitzunehmen, da diese hier irgendwie fehl am Platz sind. Wenn Sie jedoch einen ganzen Schrank davon haben, wird die ein- oder andere Dose keinen Anstoß finden. Sie jetzt zu entsorgen, wäre Unsinn.

Doch gehen Sie jetzt weiter in die Materie und schauen Sie, wo Sie überall Plastik vermeiden können.

- Achten Sie darauf, möglichst plastikfrei einzukaufen. Das ist sehr schwierig, weil zum Teil sogar eine Gurke unverständlicherweise in Plastik eingeschweißt ist. Doch es ist möglich, Sie müssen nur die Augen offenhalten. Besorgen Sie sich ein wiederverwendbares Obstnetz, damit Sie Ihre Einkäufe wie Äpfel, Paprika und Co. sicher zur Kasse und nach Hause bringen.

- Es mag schwierig sein, doch auch zu Hause können Sie auf Plastik überwiegend verzichten. Blumentöpfe aus Ton, Brotdosen aus Metall oder Glas, Flaschen aus Glas, Kaffeebecher aus Glas, Porzellan oder Metall. All das können Sie mittlerweile schon kaufen. Zwar mag am Anfang die Anschaffung etwas ins Geld gehen, doch wenn Sie erst ausgestattet sind, kommen Sie ganz gut ohne Plastik aus.

- Haben Sie noch viele Brotzeitboxen, Kaffeebecher oder sonstiges aus Kunststoff aus Kunststoff im Schrank, werfen Sie diese auf keinen Fall in den Müll, sondern verwenden Sie es weiter. Das ist allemal besser. Und so stellen sie auch keine Belastung für die Umwelt dar.

- Unverpackt-Läden gibt es leider noch nicht in jeder Stadt, doch viele Einkaufsläden bieten zumindest Unverpackt-Regale an. Nutzen Sie diese rege, denken Sie aber daran, für Ihren Einkauf auch immer ausreichend Gläser mit Deckel mitzunehmen. Im Unverpackt-Laden selbst bekommen Sie alles, was Sie für den Alltag brauchen. Von Lebensmitteln über Hygieneprodukte bis hin zu Kosmetik.

Ein Leben ganz ohne Plastik mag für viele unvorstellbar sein. Vielleicht sind auch Sie nicht so ganz sicher, ob Sie das schaffen. Viele Tester haben es schon ausprobiert und mussten feststellen, dass es manchmal nicht so einfach ist, ganz auf Plastik zu verzichten. Manche Dinge gibt es auch nur aus Kunststoff. Denken Sie an Handys, Drucker, Telefone ... all das gibt es leider in keiner anderen Variante, und somit müssen Sie hier eben auf Plastik zurückgreifen. Doch als kleiner Trost kann gesagt werden, dass Sie diese Produkte lange Zeit verwenden und deshalb nicht unnötigen Müll produzieren.
Selbst wenn Sie auf bestimmte Produkte nicht verzichten möchten, machen Sie sich keine Sorgen. Es ist schon sehr viel erreicht, wenn Sie Ihren Plastikkonsum reduzieren können. Und das werden Sie auch an Ihrem Mülleimer sehen. Vielleicht spornt Sie das auch dahingehend an, dass Sie irgendwann auch auf Ihre Lieblingsprodukte verzichten können oder eine passende Alternative finden. Da sich die Läden immer weiterentwickeln, kann es auch durchaus sein, dass genau dieses Produkt schon bald ohne Plastikverpackung erhältlich ist.

Verwenden Sie einen gelben Müllbeutel für den Plastikmüll, können Sie es sich zum Ziel machen, dass dieser vielleicht nur noch halb voll wird. In manchen Städten werden die gelben Müllsäcke nur alle drei Wochen abgeholt. Für eine Familie mit vier Personen kann das bedeuten, dass sich in dieser Zeit gut und gerne fünf und mehr Müllsäcke ansammeln. Ja, so groß ist die Verpackungsflut an Plastik. Da sollte der Anreiz doch groß sein, diese Menge zu unterbieten und es vielleicht auf nur einen Sack alle drei Wochen zu schaffen. Das hört sich für Sie vielleicht jetzt nach einem Ding der Unmöglichkeit an, doch es ist durchaus zu schaffen.

Versuchen Sie es einfach. Sie haben nichts zu verlieren, außer vielleicht die Lust, weiter zu machen, wenn die Einkaufstouren vielleicht doch einmal zeitraubend sind. Denken Sie aber immer daran, wofür Sie es machen und für wen. Kinder lassen sich schnell mitreißen. Und wenn Sie voller Elan bei der Sache sind, werden es Ihre Kinder auch sein.

Schon sind Sie auf dem besten Weg, etwas zu bewegen.

Impressum:
Dominik Wuscher
Hauptstr. 112
40764 Langenfeld
info@minariko.de

Printed in Poland
by Amazon Fulfillment
Poland Sp. z o.o., Wrocław

51683314R00047